Manuel Sandoval
Maricela García Avalos
Gerardo E. Sepúlveda P.

# Introducción a la Física con aplicaciones a ingeniería petrolera

Manuel Sandoval
Maricela García Avalos
Gerardo E. Sepúlveda P.

# Introducción a la Física con aplicaciones a ingeniería petrolera

## Aplicaciones a ingeniería petrolera

PUBLICIA

**Impressum / Aviso legal**
Bibliografische Information der Deutschen Nationalbibliothek: Die Deutsche Nationalbibliothek verzeichnet diese Publikation in der Deutschen Nationalbibliografie; detaillierte bibliografische Daten sind im Internet über http://dnb.d-nb.de abrufbar.


Información bibliográfica de la Deutsche Nationalbibliothek: La Deutsche Nationalbibliothek clasifica esta publicación en la Deutsche Nationalbibliografie; los datos bibliográficos detallados están disponibles en internet en http://dnb.d-nb.de.


Coverbild / Imagen de portada: www.ingimage.com

Verlag / Editorial:
PUBLICIA
ist ein Imprint der / es una marca de
OmniScriptum GmbH & Co. KG
Bahnhofstraße 28, 66111 Saarbrücken, Deutschland / Alemania
Email / Correo Electrónico: info@editorial-publicia.com

Herstellung: siehe letzte Seite /
Publicado en: consulte la última página
**ISBN: 978-3-639-64973-4**

# Introducción a la Física

**Con aplicaciones a ingeniería petrolera**

**Manuel Sandoval Martínez**

**Maricela García Ávalos**

**Gerardo E. Sepúlveda Palacios**

Acerca de los autores.

**Dr. Manuel Sandoval Martínez**. Profesor de Tiempo Completo en la Carrera de Ingeniería Petrolera, en la Universidad Politécnica del Golfo de México. Es licenciado en Física, cuenta con una Maestría en Ciencias en Matemáticas Aplicadas. Obtuvo doctorado en Ciencias en Física Educativa en el Centro de Investigación en Ciencias Aplicada y Tecnología Avanzada del IPN.

**M.C. Maricela García Ávalos**. Profesora de Tiempo Completo en la Carrera de Ingeniería Petrolera, en la Universidad Politécnica del Golfo de México. Es licenciada en Matemáticas, cuenta con una Maestría en Matemáticas Aplicadas en la Universidad Juárez Autónoma de Tabasco.

**M.I Gerardo Enrique Sepúlveda Palacios.** Profesor de Tiempo Completo en la Carrera de Ingeniería Petrolera, en la Universidad Politécnica del Golfo de México. Es Ingeniero Químico, cuenta con una Maestría en Ingeniería con Especialidad en Fluidos de Perforación en la Universidad Nacional Autónoma de México.

## Competencias a desarrollar

Competencias a desarrollar. Capacidad de abstracción, análisis y síntesis. Capacidad de aplicar los conocimientos en la práctica. Capacidad de organizar y planificar el tiempo. Capacidad de investigación. Habilidades para buscar, procesar y analizar información procedente de fuentes diversas. Capacidad creativa. Capacidad crítica y autocrítica. Capacidad para identificar, plantear y resolver problemas. Capacidad de trabajo en equipo.

**Estrategia General.**

**Inicio**:

- Proyección del ejercicio o resolver; se solicita la lectura a un estudiante. Trazar un bosquejo o diagrama representativo del enunciado
- Pregunta: ¿qué conceptos o leyes están involucrados en este ejercicio? ¿cuál es la estrategia para resolverlo? Propuestas individuales

**Desarrollo**: (Formar equipos de 3 integrantes)

- Discutir en equipos la estrategia y decidir si es la correcta.
- Motivar a los equipos a explicar sus estrategias y respuestas paso a paso.
- Resolver en el pizarrón

**Cierre**:

- Proponer un nuevo ejercicio, que esté acorde al previo, pero deberá resolverse de manera individual en su totalidad.
- Después de cierto tiempo, se realiza co-evaluación (revisión del procedimiento en pares)
- Resolver en el pintarrón y discutir en el grupo los aciertos y errores.
    - ¿Qué aprendí de este ejercicio?
    - ¿Qué quedó claro y qué no?

**Retroalimentación.**

## Solución de problemas de Krulik & Rudnick

La solución de problemas es una de las estrategias de habilidades del pensamiento que más utilizan los profesores para enseñarle a sus estudiantes a **cómo** pensar.

Definición de problema: "es una situación, cuantitativa o cualitativa, que confronta a un individuo o grupo de individuos y requiere de una solución y de la cual no se ve una aparente solución rápida o fácil", Krulik & Rudnick (1980). Se ha encontrado que la enseñanza tradicional no tiene un enfoque en el cual se motive a los estudiantes a desarrollar su creatividad. La solución de problemas contextualizados puede desarrollar habilidades y competencias tanto genéricas como específicas. Esto permite que los estudiantes puedan transferir sus conocimientos a aplicaciones reales lo que ayuda a ver similitudes o patrones entre diversos problemas. La enseñanza actual debe preparar a los estudiantes para resolver problemas reales, por tal razón se debe enfocar más en la práctica que en la teoría.

La solución de problemas es un proceso o guía que las personas pueden aplicar a varias situaciones. El algoritmo de Krulik & Rudnick es el siguiente:

1. **Leer**.- Definir e interpretar el problema. Se comienza anotando palabras claves, qué se está preguntando en el problema, describirlo en palabras fáciles de interpretar.
2. **Explorar**. Se buscan patrones, conceptos o leyes que juegan un papel importante en el problema. Aquí se deben colocar diagramas o esquemas representativos del problema.
3. **Estrategia**.- Determinar los pasos a seguir para encontrar la solución del problema haciendo uso de las leyes o conceptos antes determinados.
4. **Resolver el problema**.- Llevar a cabo el plan elegido, siguiendo los pasos planteados en la estrategia.
5. **Extender la solución**.- Aquí se debe verificar la solución y hacer casos como, ¿qué ocurre si la variable $x$ cambia de valores?

## Introducción

Hay dos tipos generales de cantidades físicas: escales y vectoriales; la temperatura es un ejemplo del primer tipo, y fuerza es del segundo. Como sabemos por experiencia propia, las fuerzas pueden ser ejercidas en diferentes direcciones (la dirección es muy importante si estás tratando de clavar un clavo en la pared), mientras que no hay dirección asociada con la temperatura de tu cuerpo.

Las cantidades físicas que contienen información acerca de su magnitud y dirección son llamadas cantidades vectoriales y son representadas por símbolos con una flecha (Figura 01) en la parte superior ($\vec{F}$, $\vec{v}$, etc.). Por ejemplo, la fuerza es una cantidad vectorial. Cuando empujas una puerta, tu empuje puede representarse con una flecha de fuerza; mientras más fuerte empujes, más larga será esa flecha. La dirección del empuje se representa por la dirección de esa flecha.

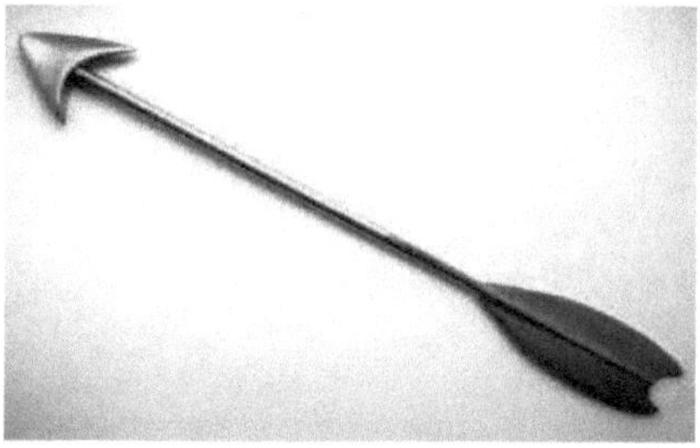

Figura 01. Representación de un vector

Las cantidades físicas que no contienen información acerca de la dirección son llamadas cantidades escalares y se escriben usando símbolos cursivos (*m, T*, etc.). La masa es una cantidad escalar, así como la temperatura. Para manejar cantidades escalares, se usan reglas aritméticas y algebraicas estándar – adición, sustracción, multiplicación, división, etc. Las operaciones con escalares se realizan como si fueran números ordinarios. Los vectores son, un poco, más complicados de trabajar. Por ejemplo, supongamos que dos personas jalan de un trineo ejerciendo fuerzas iguales de tensión a un ángulo de 30° uno con respecto al otro. ¿La tensión resultante es dos veces la tensión ejercida por cada persona, o es más o es menos? ¿En qué dirección está la tensión resultante? Para responder estas preguntas, necesitamos aprender cómo realizar operaciones matemáticas con vectores. Estas reglas se introducen en los próximos capítulos ya que las necesitamos para diversas áreas de la ingeniería petrolera.

# Capítulo I. Conversión de Unidades

1.1 Sistemas de unidades
1.1.1 Internacional
1.1.2 Británico
1.2 Conversión de unidades
1.2.1 Algoritmo de conversión unidimensional
1.2.2 Algoritmo de conversión doble
1.3 Conversión de área, volumen, flujo del S.I al S. Británico y
1.4 Aplicaciones a IP

## Sistemas de unidades

Hoy existen en el mundo cuatro sistemas de unidades de medida, dos de ellos denominados gravitacionales y los otros denominados absolutos. Son sistemas gravitacionales aquellos que tienen como unidad fundamental la unidad de fuerza, siendo en ellos la unidad de masa, una unidad derivada. Son sistemas absolutos aquellos que tienen como unidad fundamental la unidad de masa, siendo la unidad de fuerza una unidad derivada.

Los dos sistemas gravitacionales son:

- El británico.- que tiene como unidades fundamentales: de fuerza, la libra fuerza $(lbf)$, de longitud, el pie $(ft)$, y de tiempo, el segundo $(s)$.
- El métrico.- de unidades fundamentales: de fuerza, el kilogramo fuerza $(Kgf)$, de longitud, el metro $(m)$, y de tiempo el segundo $(s)$; reciben también el nombre de sistema mks

Los del sistema absoluto son:

- El métrico de unidades fundamentales: de masa, el gramo-masa $(gr)$, de longitud, el centímetro $(cm)$, y de tiempo el segundo $(s)$.
- El sistema internacional de unidades fundamentales: de masa, el kilogramo $(Kg)$, de longitud, el metro $(m)$, y de tiempo el segundo $(s)$.

Como los sistemas se adaptan de acuerdo a las necesidades de cada país en el mundo, debemos seguir un método claro para convertir unidades de un sistema a otra tomando como base una tabla de equivalencias entre ellos.

## Algoritmo de Conversión de unidades

*Algoritmo de conversión unidimensional*

La conversión de unidades unidimensionales son las más sencillas de realizar ya que solo involucran dos tipos de unidades, por cada aplicación que se haga del mismo. El procedimiento se puede escribir de la siguiente manera.

**Algoritmo 1.1**

1. Identifique los sistemas de unidades involucrados
2. Busque las equivalencias de las unidades a convertir
3. Realice el siguiente producto:

$$(\text{cantidad a convertir})\ (\text{factor de conversión})$$

4. Verifique que las unidades se cancelen de manera adecuada

**Ejemplo 1.1.**- Realizar las conversiones que se indican a continuación.

a) $96min\ a\ hrs$

De acuerdo al Algoritmo 1.1, se pueden identificar que las unidades involucradas son minutos y horas, del punto 2 encontramos las equivalencias $1hr = 60min$, procedemos de acuerdo al punto 3.

$$(96\text{min})\left(\frac{1\text{hr}}{60\text{min}}\right) = 1.6\text{hrs}$$

Como se puede observar, las unidades que se cancelan son minutos, prevaleciendo la unidad que se solicita.

*Algoritmo de conversión bidimensional*

La conversión de unidades bidimensionales es también muy sencilla de realizar, se involucran cuatro tipos de unidades y se debe realizar un producto doble de unidades. El procedimiento se puede escribir de la siguiente manera.

**Algoritmo 1.2**

1. Identifique los sistemas de unidades involucrados
2. Busque las equivalencias de las unidades a convertir
3. Realice el siguiente producto:

$$(\text{cantidad a convertir})\ (\text{factor de conversión1})(\text{factor de conversión2})$$

4. Verifique que las unidades se cancelen de manera adecuada

**Ejemplo 1.2**.- Realizar las conversiones que se indican a continuación.

a) $12.57 Km/hr\ a\ m/s$

De acuerdo al Algoritmo 1.2, se pueden identificar que las unidades involucradas son kilómetros, horas, metros y segundos; del punto 2 encontramos las equivalencias:

| |
|---|
| $1Km = 1000m$ |
| $1hr = 3600s$ |

Ahora procedemos de acuerdo al punto 3

$$\left(\frac{12.57\text{Km}}{\text{hr}}\right)\left(\frac{1000\text{m}}{1\text{Km}}\right)\left(\frac{1\text{hr}}{3600\text{s}}\right) = 3.4916\ {}^{\text{m}}/_{\text{s}}$$

Como se puede observar, las unidades que se cancelan son kilómetros y horas, prevaleciendo las unidades que se solicitan.

*Conversiones de unidades de área*

Para este tipo de conversiones se procede conforme al Algoritmo 1.1, solo que las equivalencias deben estar elevadas al cuadrado, por ejemplo

$$1m = 100cm$$

$$1m^2 = 10{,}000cm^2$$

**Ejemplo 1.3**.- Realizar las conversiones que se indican a continuación.

a) $6.89plg2\ a\ cm^2$

De acuerdo al Algoritmo 1.1, las unidades involucradas son pulgadas cuadradas y centímetros cuadrados. Entonces las equivalencias son

$$1plg^2 = 6.4516cm^2$$

Siguiendo al puntos 3 del algoritmo:

$(6.89plg^2)\left(\frac{6.4516cm^2}{1plg^2}\right) = 44.4515cm^2$

Las unidades que se cancelan son $plg^2$.

*Conversiones de unidades de volumen*

Para este tipo de conversiones se procede conforme al Algoritmo 1.1, solo que las equivalencias deben estar elevadas al cubo, por ejemplo

$$1plg = 2.54cm$$

$$1plg^3 = 16.3870cm^3$$

**Ejemplo 1.4**.- Realizar las conversiones que se indican a continuación.

a) $5184\, plg^3\; a\; m^3$

De acuerdo al Algoritmo 1.1, las unidades involucradas son pulgadas cúbicas y metros cúbicos. Entonces las equivalencias son

$$1plg^3 = 1.6387x10^{-5}m^3$$

Siguiendo al puntos 3 del algoritmo:

$$(5184plg^3)\left(\frac{1.6387\text{x}10^{-5}m^3}{plg^3}\right) = 0.08495m^3$$

Las unidades que se cancelan son $plg^3$.

**Ejemplo 1.5**.- Una pirámide tiene una altura de $481ft$ y su base cubre un área de $13\ acres$ ($1acre = 43,560ft^2$ ). Calcule el volumen de esta pirámide en metros cúbicos.

Solución utilizando R&K.

1. Leer.- *Volumen, área, conversión de unidades*
2. Explorar.- $altura = 481ft;\ \acute{a}rea = 13acres$

Figura 1.1 Gran pirámide de Cholula

3. Estrategia.- Calcular el área de la base, aplicar la fórmula $V = (^1/_3)Bh$ y después convertir a $ft^2$
4. Resolver.-

Comenzamos calculando la base como sigue

$$B = (largo)(ancho) = 13\ acres = 566{,}280ft^2$$

Y con esto el volumen será

$$V = (^1/_3)Bh = (566{,}280ft^2)(481ft) = 272{,}380{,}680ft^3$$

5. Extender.- ¿Qué limitantes tiene la fórmula del volumen? ¿En realidad se podría calcular el volumen de la pirámide de Cholula con esa expresión?

## Aplicaciones a Ingeniería Petrolera

En esta sección se resolverán diversos ejemplos de conversión de unidades aplicados a ingeniería petrolera. Iniciaremos con algunos ejemplos sencillos y posteriormente se introducirán algunos problemas un poco más complicados.

**Ejemplo 1.6**.- Un manómetro de vacío está conectado a un tanque y da una lectura de $30kPa$ en un lugar donde la presión barométrica es de $755mmHg$. Determine la presión absoluta en el tanque.

Solución utilizando R&K.

1. Leer.- *Presión manométrica, columna de agua, conversión de unidades*
2. Explorar.- $\Delta \mathrm{P} = 30\mathrm{KPa};\ \mathrm{P_0} = 755mmHg$

Figura 1.2 Tanque sometido una diferencia de presión

3. Estrategia.- Convertir la presión atmosférica a $Pa$ y utilizar la definición de presión manométrica.
4. Resolver.- La presión manométrica se define como

$$\Delta \mathrm{P} = \mathrm{P_0} - \mathrm{P}$$

donde $P_0$ es la presión atmosférica y P es la presión absoluta. Además la presión debida a una columna de agua es $P = \rho g h$. Así que:

$$P_0 = \rho g h = \left(13600\, {}^{Kg}/_{m^3}\right)\left(9.81\, {}^{m}/_{s^2}\right)(0.755m) = 100{,}729.08Pa$$

Entonces la presión absoluta será

$$P = P_0 - \Delta P = 70{,}729.08Pa$$

5. Extender.- ¿Qué pasaría con la presión manométrica si la presión absoluta aumenta o disminuye?

**Ejemplo 1.7**.- La densidad del aceite de oliva $298K$ es $919Kg/m^3$, transforme esta unidad según se indica:

a) $gr/cm^3$

b) $lb/ft^3$.

Solución para a).-

Haciendo uso de la Tabla 1, del Anexo 1 se tiene que

$$\left(919\frac{Kg}{m^3}\right)\left(\frac{1000gr}{1Kg}\right)\left(\frac{1m^3}{10^6 cm^3}\right) = 0.919\frac{gr}{cm^3}$$

Solución para b).-

$$\left(919\frac{\mathrm{Kg}}{\mathrm{m}^3}\right)\left(\frac{\mathrm{lbm}}{0.454\mathrm{Kg}}\right)\left(\frac{0.02831\mathrm{m}^3}{\mathrm{ft}}\right) = 57.3059\frac{\mathrm{lbm}}{\mathrm{ft}^3}$$

**Ejemplo 1.8**.- La gravedad específica del ácido sulfúrico es de 1.8, calcular su densidad en:

a) $kg/m^3$

b) $gr/cm^3$

c) $lb/ft^3$

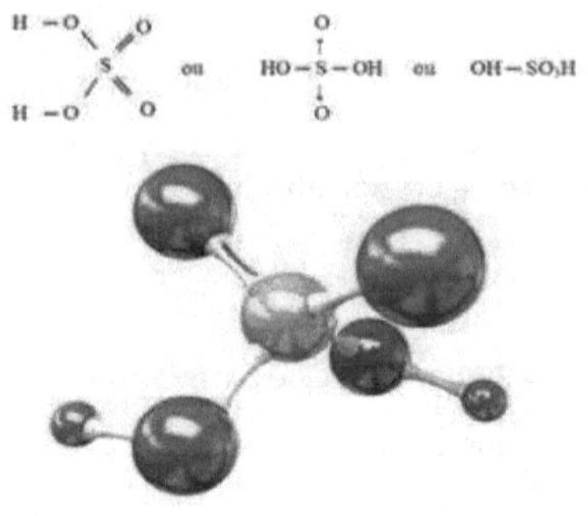

Solución.

La gravedad específica (o densidad relativa) se define como $\mathrm{SG} = \frac{\rho}{\rho_{Agua}}$. De aquí, la densidad del fluido será el producto de la densidad del agua con la gravedad específica:

a) Tomando en cuenta que la densidad del agua es $1000\,{}^{\mathrm{Kg}}/_{\mathrm{m}^3}$, tendremos:

$$\rho = SG\rho_{Agua} = 1.8\left(1000\,{}^{Kg}/_{m^3}\right) = 1800\,{}^{Kg}/_{m^3}$$

b) Tomando en cuenta que la densidad del agua es $1\,{}^{\mathrm{gr}}/_{\mathrm{cm}^3}$, tendremos:

$$\rho = SG\rho_{Agua} = 1.8\left(1\,{}^{gr}/_{cm^3}\right) = 1.8\,{}^{gr}/_{cm^3}$$

c) Para este inciso, tendremos

$$\rho = \left(1800\frac{Kg}{m^3}\right)\left(\frac{lbm}{0.454Kg}\right)\left(\frac{0.02831m^3}{ft}\right) = 112.2694\frac{lbm}{ft^3}$$

Nota: Los fluidos de perforación deben tener una densidad, cuyo intervalo debe estar entre 1.0 y $1.50\,{}^{gr}/_{cm^3}$ para que sean funcionales dentro del pozo.

**Ejemplo 1.9**.- Después de perforar la primera etapa de un pozo, el ingeniero químico a cargo mide la densidad del fluido de perforación ($\rho_1 = 1.053\ ^{\mathrm{gr}}/_{\mathrm{cm}^3}$); para la segunda etapa se requiere de un fluido con una densidad 20% mayor a la de $\rho_1$. El técnico prepara el fluido y mide una densidad $\rho_2 = 11\ ^{\mathrm{lb}}/_{\mathrm{gal}}$. El ingeniero indica que ese fluido no funcionará, ¿está de acuerdo con ese juicio?

Solución utilizando R&K.

1. Leer.- *Densidad, fluido de perforación, cambio en la densidad*
2. Explorar.- $\rho_1 = 1.053\ ^{\mathrm{gr}}/_{\mathrm{cm}^3}$, $\rho_2 = 11\ ^{\mathrm{lb}}/_{\mathrm{gal}}$, *aumento en 20%*
3. Estrategia.- Calcular la densidad del nuevo fluido y convertir a $\frac{\mathrm{lbm}}{gal}$
4. Resolver.- Se procede a calcular la densidad del segundo fluido

$$\rho_2 = \rho_1(1 + 0.2)\ ^{\mathrm{gr}}/_{\mathrm{cm}^3} = 1.263\ ^{\mathrm{gr}}/_{\mathrm{cm}^3}$$

ahora se procede a convertir las unidades de acuerdo al Algoritmo 1.1.

$$1\mathrm{lb} = 0.454\mathrm{Kg}$$

$$1\mathrm{gal} = 3.785\mathrm{ltr}$$

$$\rho_2 = \left(1.263\frac{\mathrm{gr}}{\mathrm{cm}^3}\right)\left(\frac{3785\mathrm{cm}^3}{1\mathrm{gal}}\right)\left(\frac{1\mathrm{lbm}}{454\mathrm{gr}}\right) = 10.53\frac{\mathrm{lbm}}{gal}$$

De acuerdo a nuestro resultado, la densidad calculada por el técnico no cumple con las especificaciones otorgadas por el ingeniero.

5. Extender.- ¿Qué posibles repercusiones podría traer este error a la perforación?

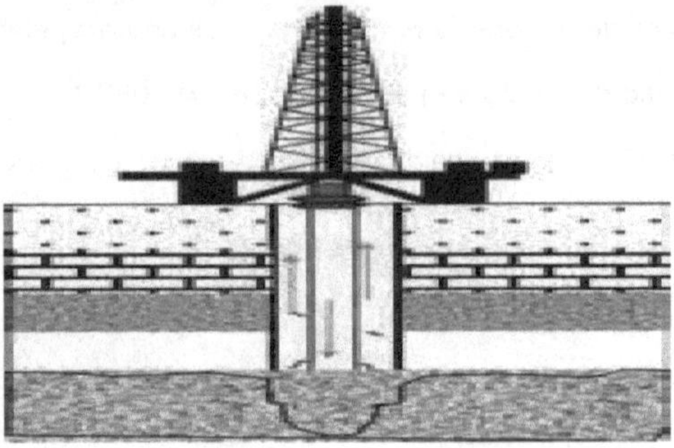

Figura 1.3 Perforación de un pozo

**Ejemplo 1.10**.- Pemex necesita renovar un tramo de tuberías de $2253Km$. La empresa tuberías ACME vende el producto a $\$1.25USD/metro$ y la empresa tuberías EMCA lo vende a $\$2000USD/milla$. Si fuera gerente de compras, ¿a qué compañía le compraría y porque?

Solución utilizando R&K.

1. Leer.- *longitud de tuberías, costos, conversión de unidades*
2. Explorar.- $l = 2253\text{Km}$, $\text{C}_1 = \$1.25USD/m$, $\text{C}_2 = \$2000USD/milla$
3. Estrategia.- Calcular la longitud total de la tubería en metros, los costos de cada compañía, hacer una conversión de unidades
4. Resolver.- Se procede a calcular la longitud total de la tubería en metros, y después se calculará el costo total para cada compañía, debiendo hacer una conversión de unidades para EMCA.

$$l = 2253\text{Km} = 2{,}253{,}000\text{m}$$

Figura 1.4 Renovación de tuberías

El costo con la compañía ACME será:

$$C_{T1} = (l)(C_1) = \$2{,}816{,}250 USD$$

Para la segunda compañía debemos considerar que $1mi = 1609m$, por lo que

$$C_{T2} = \frac{\$2{,}000}{mi} = \$1.2426 USD/m$$

El costo con la compañía EMCA será:

$$C_{T2} = (l)(C_2) = \$2{,}799{,}577.8 USD$$

Por lo que debe comprarle a EMCA.

Extender.- ¿cuáles serían las pérdidas si se elige la empresa equivocada?

Si se compra la tubería a la compañía ACME las pérdidas serían de

$$\Delta C = C_{T1} - C_{T2} = \$16{,}672.2 USD$$

**Problemas contextualizados propuestos.- conversión de unidades.**

1. Resolver los siguientes ejercicios utilizando el Algoritmo 1.1

a. $96min\ a\ hrs$

b. $2\ días\ a\ horas$

c. $3.8Km\ a\ m$

d. $20Km\ a\ mi$

e. $25.61pld\ a\ cm$

2. Resolver los siguientes ejercicios utilizando el Algoritmo 1.2.

a. $48m/s\ a\ Km/hr$

b. $95mi/hr\ a\ Km/hr$

c. $256ft/s\ a\ m/s$

3. Resolver los siguientes ejercicios utilizando el Algoritmo 1.1.

a. $3.7812m^2\ a\ ft^2$

b. $80.3624ft^2\ a\ m^2$

c. $15\ acres\ a\ ft^2$

4. Resolver los siguientes ejercicios utilizando el Algoritmo 1.1.

a. $326\ ft^3\ a\ cm^3$

b. $14.236cm^3\ a\ plg^3$

5. Un tanque hermético contiene aceite comestible con un nivel de $1.2m$ sobre la base. La presión que ejerce el aire que se encuentra sobre el aceite es de $21lbf/plg^2$. Si la densidad del aceite es de $0.91gr/cm^3$. Calcular la presión en la base del tanque en:

   a. $kgf/cm^2$

   b. $Pa$

6. Un evaporador que concentra lodo de perforación opera al vacío y tiene instalado un vacuómetro que indica una lectura de $32cmHg$. Convierta la presión a

   a. $KPa$

   b. $lbf/plg^2$

7. Hallton va a perforar un pozo y necesita $4870m^3$ de fluido de perforación. La empresa Varits vende el galón a $\$2.53\ dls$ y la empresa Benton la vende a $\$8\ el\ litro$. Si fuera gerente de compras,

a. ¿A qué compañía le compraría y porque?

b. ¿Cuáles serían las pérdidas si se elige la empresa equivocada?

8. Un empresario desea comprar $5000lts$ de gasolina, sin embargo la gasolinera vende la gasolina en botes de $30\ gal$. ¿Cuántos botes debe comprar? Explique su respuesta.

9. Un motor de una bomba de fluidos de perforación consume $450Watts$ cuando trabaja a su máxima potencia. Un ingeniero indica que su motor (de $600HP$) consume menos energía. Indique si está de acuerdo o no con el Ingeniero y explique su respuesta.

10. La compañía petrolera BrP publica que ha encontrado un yacimiento de petróleo en las costas mexicanas. Su ingeniero de exploración ha calculado que el yacimiento tiene una presión de $45{,}000Kpsi$ y menciona que no tendrán problemas para perforarlo ya que un pozo perforado hace dos meses en Brasil tenía una presión semejante ($3{,}200KPa$). El gerente toma la decisión de no perforar. ¿Considera que el gerente tomó una buena decisión? Explique su respuesta.

11. Hallton extrae crudo desde un pozo a razón de $235{,}000\ barriles$ diarios, el gerente de producción dice que al aplicar un nuevo método la producción podría ser de $164{,}170\ galones$ diarios. Si el precio del barril es $\$107.76\ dls$, diga si la propuesta del gerente es aceptable y cuánta ganancia o pérdida generaría a la compañía.

12. Wateord desea comprar bentonita para un fluido especial, la empresa FLUX.S.A vende el kilogramo a $\$4{,}500.00$ y la empresa BENTOX.S.A la vende a $\$2{,}050.00$ por libra. Ambas empresas venden la bentonita en $sacos$ de $25Kg$.

a. ¿A qué empresa le debe comprar y por qué?

b. ¿Cuál es la diferencia en el precio por saco entre una empresa y otra?

c. Si se compran 400 sacos, ¿cuál sería la diferencia entre el costo de una empresa y la otra?

13. Un empresario desea importar sus refacciones para barrenas. Una compañía americana le dice que el producto que desea lo vende a $\$32.3 USD$. Una compañía europea le dice que se lo puede vender a €28.9. Si necesita $200\ piezas$, ¿a qué compañía le debe comprar? Tome $\$1USD = \$15.48$ y €1 $= 17.20$.

14. La compañía GEMS desea vender su bentonita, tiene en sus bodegas $157.8 Ton$ y las introduce en sacos de $60Kg$. Perfo's quiere comprar todo el producto y se lo pagará a $\$0.26\ la\ onza$, y Petro's le ofrece comprarla a $\$4\ la\ libra$. ¿a qué compañía le conviene vender?

15. Se va a estimular un pozo para aumentar su producción. Mediante un método convencional se pueden producir $50{,}000\ bbl/s$ adicionales. Una compañía extranjera propone un nuevo método y asegura que la producción tendrá $2{,}090{,}000 gal/s$. ¿Qué método le aconsejaría utilizar al gerente?

# Capítulo II. Algebra de Vectores

2.1 Funciones trigonométricas
2.1.1 Teorema de Pitágoras
2.2 Magnitudes escalares y vectoriales
2.2.1 Multiplicación de un escalar por un vector
2.2.2 Descomposición de un vector en sus componentes
2.2.3 Operaciones básicas con vectores (suma y resta)
2.2.3.1 Método gráfico y analítico
2.3 Producto punto y producto cruz
2.4 Aplicaciones

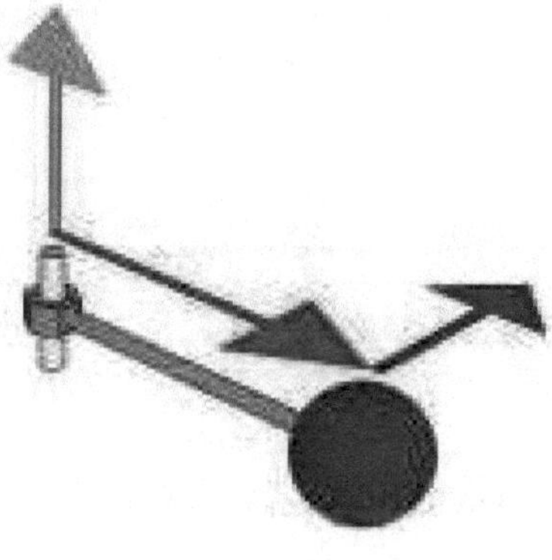

**Definición 2.1.**- Un radián θ es la medida del ángulo central de un círculo subtentido por un arco igual en longitud al radio del círculo.

**Definición 2.2.**- La longitud de arco s de una circunferencia de radio r que subtiende un ángulo central de θ radianes, ese define como

$$s = r\theta$$

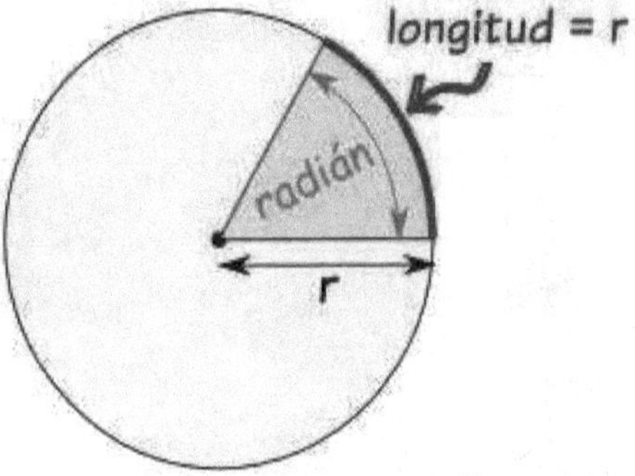


Figura 2.1 Longitud de arco

**Definición 2.3.**- Si θ es la medida en radianes de un ángulo central de una circunferencia de radio r, entonces el área de un sector circular determinado por θ, se define como

$$A = \frac{1}{2}\theta r^2$$

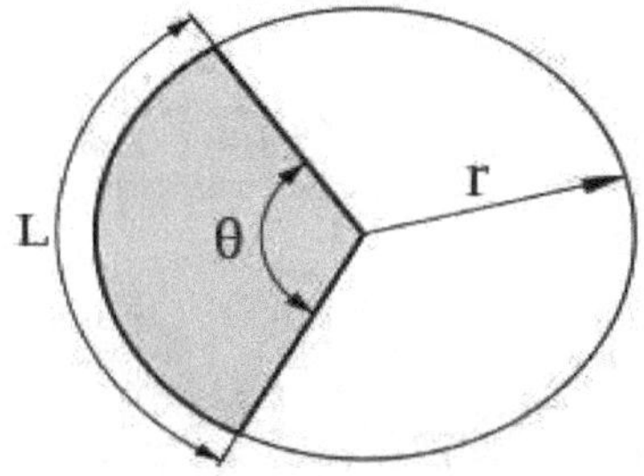


Figura 2.2 Definición de sector de área

**Definición 2.4.**- La velocidad angular y la velocidad lineal de una partícula que describe una circunferencia de radio r están dadas por

$$\omega = r\theta \qquad \text{Velocidad angular}$$

$$V = \omega r \qquad \text{Velocidad lineal}$$

**Definición 2.5**.- Las funciones trigonométricas se definen, a partir del triángulo rectángulo, como se muestra en la Tabla 3.1.

Tabla 3.1 Definición de funciones trigonométricas básicas

| | | | |
|---|---|---|---|
| $\text{sen}\theta = \frac{\text{op}}{\text{hip}}$ | $\cos\theta = \frac{\text{ady}}{\text{hip}}$ | $\tan\theta = \frac{\text{op}}{\text{ady}}$ | 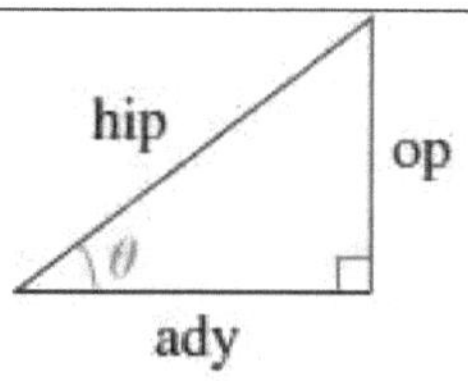  |
| $\csc\theta = \frac{\text{hip}}{\text{op}}$ | $\sec\theta = \frac{\text{hip}}{\text{ady}}$ | $\text{ctg}\theta = \frac{\text{ady}}{\text{op}}$ | |

*Teorema de Pitágoras*

El teorema de Pitágoras se define de acuerdo al triángulo rectángulo de la Tabla 3.1 y se representa con la expresión:

$$\text{hip}^2 = \text{ady}^2 + \text{op}^2$$

De este teorema se derivan algunas identidades trigonométricas:

| | | |
|---|---|---|
| $\cos\theta^2 + \text{sen}\theta^2 = 1$ | $sec\theta^2 = 1 + tan\theta^2$ | $\csc\theta^2 = 1 + \text{ctg}\theta^2$ |

Figura 2.3 Representación de Pitágoras

## Magnitudes escalares y vectoriales

*Método gráfico y analítico*

*Multiplicación de un escalar por un vector*

Ahora analizaremos algunas propiedades de los vectores de una manera muy sencilla, haciendo uso de papel milimétrico, un transportador y lápiz. Sigamos el siguiente procedimiento.

1.- Considere un vector $\vec{A}$ cuya magnitud es de $10u$, en el plano $xy$. Utilice papel milimétrico y trace el vector (con una inclinación aproximada de $45^\circ$) utilizando una regla. Asegúrese de que la longitud de la flecha sea de $10u$. Trace desde la punta de la flecha, una línea perpendicular al eje x (se forman las componentes). Ahora cuente el número aproximado de cuadritos tanto en x como en y.

2.- Trace el vector $(2\vec{A})$, utilice la misma hoja milimétrica y proceda como en el punto 1, ¿Qué ocurrió con las componentes del vector?

3.- Trace el vector $\left(\frac{1}{2}\vec{A}\right)$. Proceda como en el punto 2. El cambio en las componentes ¿Es semejante al punto 2? ¿Cuál sería su conclusión de estos 3 puntos?

4.- Trace el vector $(-3\vec{A})$. Proceda como en el punto 1. ¿Qué ocurre con el vector? ¿Puede predecir qué ocurriría con $\left(-\frac{1}{3}\vec{A}\right)$?

Con base a estas actividades, escriba una regla para el producto de un escalar con un vector.

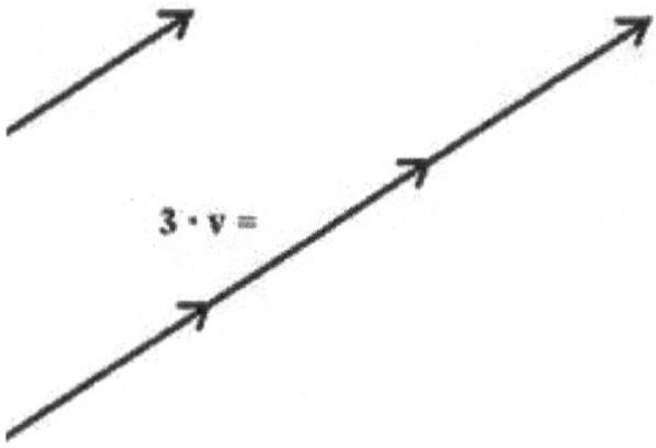


Figura 2.4 Representación de vectores

*Método del paralelogramo.*

Revisaremos ahora un método sencillo para sumar vectores. Este consiste en colocar uno de los vectores en el origen, en la punta de éste se coloca el segundo vector y así sucesivamente. El vector resultante es el vector que parte del origen y llega a la punta del último vector de la serie. Para estos casos, es útil el papel milimétrico y el transportador.

**Ejemplo 2.1**.- Sea $|\vec{A}| = 10u$ ; $\theta = 45^{\circ}$ y $|\vec{B}| = 15u$ ; $\theta = 70^{\circ}$ . Encuentre el vector resultante por el método paralelogramo, utilice transportador. Ver Figura 2.5.

Solución.

*Paso 1*. Trace el vector $\vec{A}$ y cuente el número de cuadritos en x y en y. Ahora, en la punta de la flecha de $\vec{A}$ coloque imaginariamente, un nuevo sistema de coordenadas y trace el vector $\vec{B}$; cuente el número de cuadritos en x y en y de $\vec{B}$.

*Paso 2*. El vector resultante $\vec{R}$ se encuentra trazando un vector desde el origen hasta la punta de la flecha del vector $\vec{B}$, cuente el número de cuadritos de $\vec{R}$, tanto en x como en y. Si analiza los tres vectores, ¿puede encontrar una relación entre ellos? ¿puede escribirlo matemáticamente?

*Paso 3*. Si se anexa un vector $\vec{C}$, ¿Cómo cambiaría su modelo matemático?, haga la prueba con $|\vec{C}| = 20\text{u}; \theta = 150^{\circ}$.

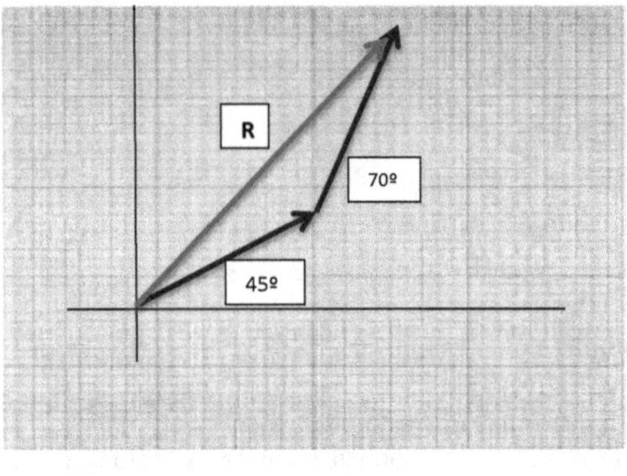


Figura 2.5. Suma de vectores con el método gráfico

## Definición de Sistemas de Coordenadas Cartesianas

Los sistemas de coordenadas son importantes porque nos ayudan a ubicar objetos, describir su comportamiento, realizar mediciones entre otras cosas. Analizaremos algunas propiedades aritméticas de los pares coordenados y cómo están relacionados con los vectores.

**Definición 2.6.**- Sea $P_1 = (x_1, y_1)$ y $P_2 = (x_2, y_2)$, pares ordenados del plano cartesiano. La suma de $P_1$ y $P_2$ se define como $P_3 = P_1 + P_2 = (x_1, y_1) + (x_2, y_2) = (x_1 + x_2, y_1 + y_2)$.

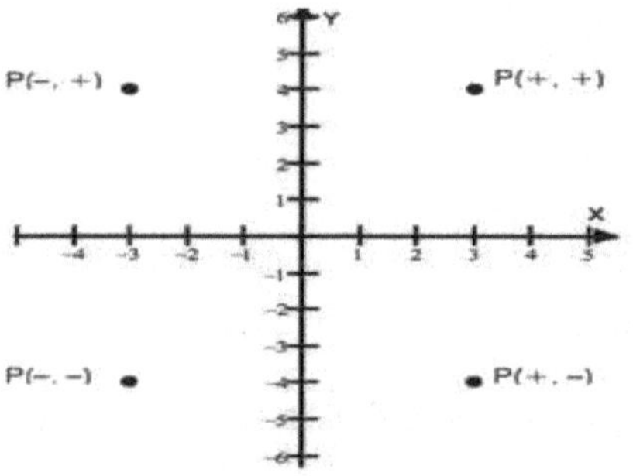


Figura 2.6 Sistema de coordenadas

**Ejemplo 2.2.**- Sea $P_1 = (2,4)$ y $P_2 = (3,5)$, entonces

$$P_3 = P_1 + P_2 = (2,4) + (3,5) = (2 + 3, 4 + 5)$$

$$P_3 = (5,9).$$

**Ejemplo 2.3.**- Sea $P_1 = (-7,3)$ y $P_2 = (-3,-3)$. Encuentre la diferencia de los puntos. Localice el resultado en el plano cartesiano.

Solución.

$$P_3 = P_1 + P_2 = (-7,3) - (-3,-3) = (-4,6)$$

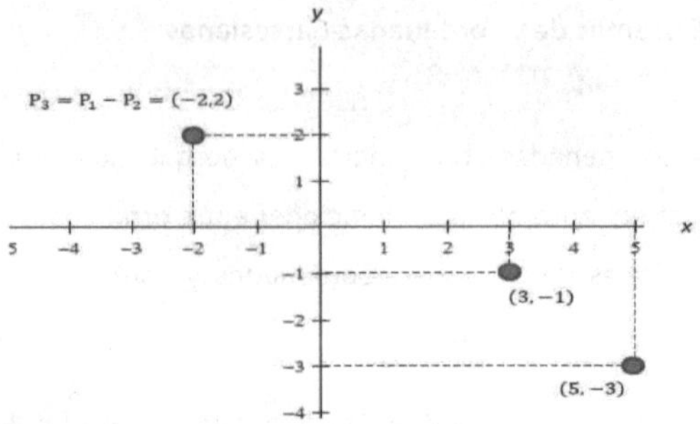

Figura 2.7 Representación de puntos cualesquiera en el plano

La diferencia de estos puntos, es el punto que se encuentra en el segundo cuadrante.

*Definición de vectores unitarios*

Sea $P_3 = (3,5)$; un punto en el plano coordenado. Hemos visto que $P_3 = P_1 + P_2$, entonces el punto $P_3$ puede obtenerse de la suma de otros pares coordenados, por ejemplo

$$P_1 = (3,5) = (2,2) + (1,3) = (-1,4) + (4,1)$$

Puede derivarse una gran variedad de combinaciones, sin embargo existe una combinación que es muy fácil de manejar

$$(3,5) = (3,0) + (0,5) = 3(1,0) + 5(0,1)$$

de aquí, definimos los vectores unitarios como:

$$\hat{\imath} = (1,0)\,; \ \hat{\jmath} = (0,1)$$

el vector $\hat{\imath}$ corresponde a un vector de longitud "1" y se encuentra sobre el eje x; el vector $\hat{\jmath}$ corresponde a un vector de longitud "1" y se encuentra sobre el eje y.

Por lo que

$$(3,5) = 3\hat{\imath} + 5\hat{\jmath}.$$

Podemos observar que hay una asociación entre puntos en el plano cartesiano y los vectores. La ventaja de los vectores es que aportan más información que las coordenadas. Para el caso de tres dimensiones (Figura 2.8) se procede de manera semejante, por lo que se anexa un tercer vector unitario; el sistema en tres dimensiones quedaría así

$$\hat{\imath} = (1{,}0{,}0)\ ;\ \hat{\jmath} = (0{,}1{,}0);\ \hat{k} = (0{,}0{,}1)$$

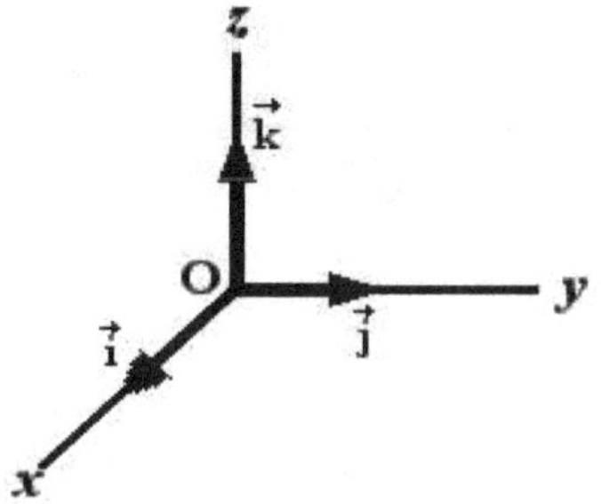


Figura 2.8 Vectores unitarios en tres dimensiones

**Operaciones básicas con vectores (suma y resta)**

Considerando las definiciones, propiedades de las coordenadas y de los vectores podemos definir la suma vectorial como:

$$\vec{A} = A_x\hat{\imath} + A_y\hat{\jmath}$$
$$\vec{B} = B_x\hat{\imath} + B_y\hat{\jmath}$$
$$\vec{C} = C_x\hat{\imath} + C_y\hat{\jmath}$$

$$\vec{R} = \left(\sum R_x\right)\hat{\imath} + \left(\sum R_y\right)\hat{\jmath}$$

Esto indica que para realizar una suma vectorial es necesario conocer sus componentes. Puede observarse también que la suma vectorial se realiza de manera semejante a la suma de coordenadas (Figura 2.9).

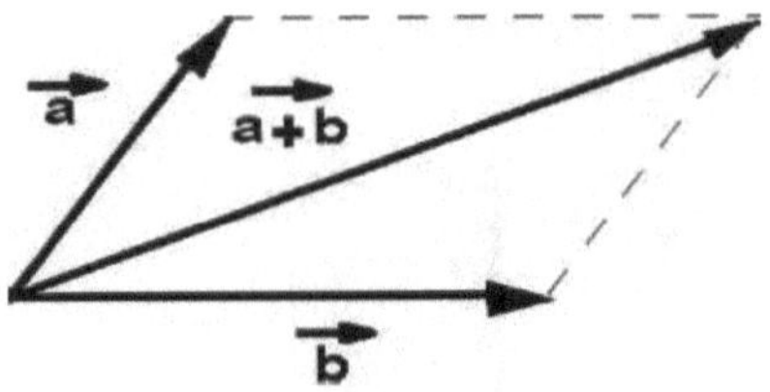


Figura 2.9 Suma vectorial

Nota: No se pueden sumar de manera directa las magnitudes de los vectores, primero se deben calcular las componentes.

**Ejemplo 2.4**.- Encuentre la suma de los vectores que se indican a continuación:

$\vec{A} = 200\hat{\imath} + 150\hat{\jmath}$ ; $\vec{B} = -300\hat{\imath} + 100\hat{\jmath}$; $\vec{C} = -150\hat{\imath} - 220\hat{\jmath}$

Solución.-

La suma se realiza ordenando los vectores de tal manera que puedan sumarse las respectivas coordenadas de cada vector.

$$\vec{A} = 200\hat{\imath} + 150\hat{\jmath}$$

$$\vec{B} = -300\hat{\imath} + 100\hat{\jmath}$$

$$\vec{C} = -150\hat{\imath} - 220\hat{\jmath}$$

---

$$\vec{R} = -250\hat{\imath} + 30\hat{\jmath}$$

$\vec{R}$, representa el vector resultante. En la siguiente sección se mostrará cómo calcular la magnitud y dirección de un vector de manera cuantitativa.

*Magnitud y dirección de un vector*

Si se conocen las componentes de un vector, la magnitud (tamaño de la flecha) se obtiene con el teorema de Pitágoras y la dirección del vector con la función tangente:

$$|\vec{A}| = \sqrt{A_x^2 + A_y^2}$$

$$tg\theta = \left(\frac{A_y}{A_x}\right)$$

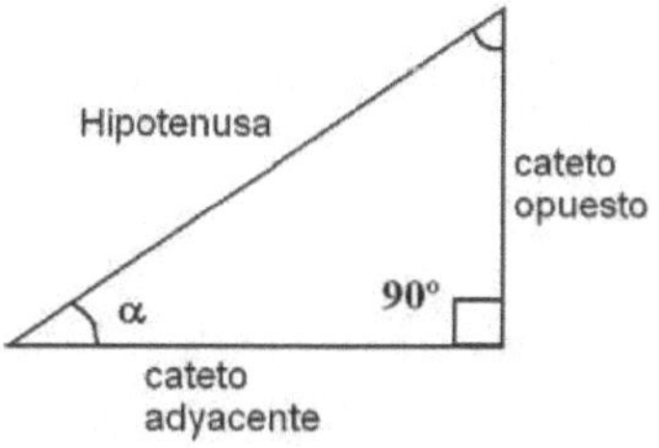


En este caso, el cateto adyacente representa la componente horizontal, y el cateto opuesto a la componente vertical. La hipotenusa coincide con la magnitud del vector.

**Ejemplo 2.5**.- Dado $\vec{A} = 8\hat{\imath} - 3\hat{\jmath}$; $\vec{B} = -5\hat{\imath} - 2\hat{\jmath}$ y $\vec{C} = -2\hat{\imath} + 6\hat{\jmath}$

a) Encuentre la magnitud y dirección de cada vector.
b) Determine la magnitud y dirección del vector resultante. Utilice el método analítico y el método gráfico. Verifique que ambos métodos sean consistentes.

Solución.

*a)* $|\vec{A}| = \sqrt{8^2 + (-3)^2} = \sqrt{73}$ $\qquad \theta = tg^{-1}\left(\frac{-3}{8}\right) = -20.56^\circ$

$|\vec{B}| = \sqrt{(-5)^2 + (-2)^2} = \sqrt{29}$ $\qquad \theta = tg^{-1}\left(\frac{-2}{-5}\right) = 21.80^\circ$

$|\vec{C}| = \sqrt{(-2)^2 + 6^2} = \sqrt{40}$ $\qquad \theta = tg^{-1}\left(\frac{6}{-2}\right) = -71.56^\circ$

*b)* $|\vec{R}| = |\vec{A} + \vec{B} + \vec{C}| = |\hat{\imath} + \hat{\jmath}| = \sqrt{2}$ $\qquad \theta = tg^{-1}(1) = 45^\circ$

El método gráfico se debe realizar con papel milimétrico y su juego de geometría. Queda al estudiante la finalización de este ejemplo.

*Descomposición de un vector en sus componentes*

*Vectores y su asociación con la geometría*

Hemos visto que un vector se puede escribir como $\vec{V} = V_x\hat{\imath} + V_y\hat{\jmath}$, si nos enfocamos solo a las longitudes de los vectores, vemos que tiene asociado un triángulo rectángulo, del cual podemos asemejar sus catetos con las componentes en $x$ y en $y$; la hipotenusa corresponde a la magnitud del vector $\vec{V}$. Si se conocen la magnitud del vector y su dirección, las componentes pueden calcularse como:

$$\cos\theta = \frac{V_x}{V} \qquad \sin\theta = \frac{V_y}{V}$$

entonces $V_x = V\cos\theta$ y $V_y = V\sin\theta$.

**Ejemplo 2.6**.- Sea $\mathrm{A} = 280\mathrm{N}, \theta_1 = 60^\circ$ y $\mathrm{B} = 120\mathrm{N}, \theta_2 = 30^\circ$. Encuentre:

a) las componentes horizontal y vertical para cada vector,
b) la magnitud y dirección del vector resultante $(\vec{A} + \vec{B})$.

Solución.- Calculamos las componentes de cada vector:

$$\mathrm{A_x} = \mathrm{A}\cos\theta = 280\cos(60) = 140\ \mathrm{N}$$

$$\mathrm{A_y} = \mathrm{A}\sin\theta = 280\sin(60) = 242.4871\mathrm{N}$$

Para el segundo vector:

$$\mathrm{B_x} = \mathrm{B}\cos\theta = 120\cos(30) = 103.923\mathrm{N}$$

$$\mathrm{B_y} = \mathrm{B}\sin\theta = 120\sin(30) = 60\ \mathrm{N}$$

Ahora se calcula el vector resultante

$$\vec{A} = 140\hat{\imath} + 242.4871\hat{\jmath}$$
$$\vec{B} = 103.923\hat{\imath} + 60\hat{\jmath}$$
$$\vec{R} = 243.923\hat{\imath} + 302.4871\hat{\jmath}$$

La magnitud y dirección del vector resultante se calcula de la siguiente manera.

$$|\vec{R}| = \sqrt{R_x^2 + R_y^2} = 388.5831N$$

$$tan\theta = \left(\frac{R_y}{R_x}\right)$$
$$\theta = tan\left(\frac{R_y}{R_x}\right)^{-1} = 51.11º$$

*Diagramas de barra*

La suma de vectores también se puede realizar de manera cualitativa utilizando diagramas de barras. Para ello se utiliza una hoja de papel milimétrico y se divide en dos partes, utilizamos la parte superior y a su vez se divide en 4 partes, como se muestra en la Figura 2.10. La sección izquierda se usara para las coordenadas en x de cada vector y la sección derecha para las coordenadas en y; en la parte central se deja dos espacios para las componentes del vector resultante.

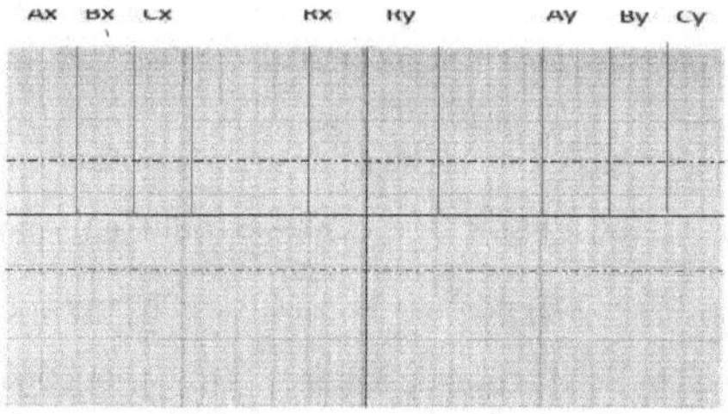


Figura 2.10 Representación de barras para suma de vectores

**Ejemplo 2.7**.- Dado $A = 200\text{N}, \theta_1 = 40^{\circ}$ ; $B = 350\text{N}, \theta_2 = 60^{\circ}$ y $C = 400\text{N}, \theta_3 = 30^{\circ}$. Encuentre la suma de los vectores utilizando el método analítico y el diagrama de barras.

Solución.

Se procede a calcular las componentes de cada vector:

$$A_x = A\cos\theta = 200\cos(40) = 153.2\,N$$

$$A_y = A\sin\theta = 200\sin(40) = 138.55N$$

$$B_x = B\cos\theta = 350\cos(60) = 175\,N$$

$$B_y = B\sin\theta = 350\sin(60) = 303.1N$$

$$C_x = -C\cos\theta = -400\cos(30) = -346.41\,N$$

$$C_y = C\sin\theta = 400\sin(30) = 200N$$

En la Figura 2.11 se muestran los vectores a sumar.

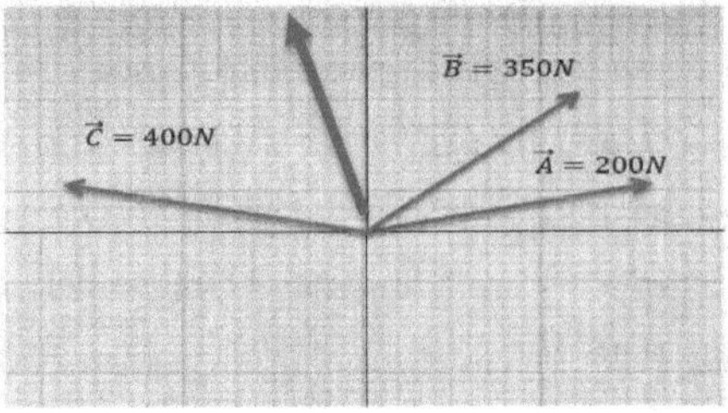


Figura 2.11 Trazo de vectores en el papel milimétrico

Para trabajar con los diagramas de barras, se calculan las componentes de cada vector, por ejemplo $\text{A}_\text{x} = 153.2\text{N}$ y $\text{A}_\text{y} = 128.55\text{N}$. Ahora eligen una escala para determinar la altura de la barra (lo ancho puede ser 2■) por ejemplo 1■ $= 10\text{N}$, entonces la altura de la barra $\text{A}_\text{x} = 15$■ y para $\text{A}_\text{y} = 13$■ .Se procede de manera semejante con los otros vectores.

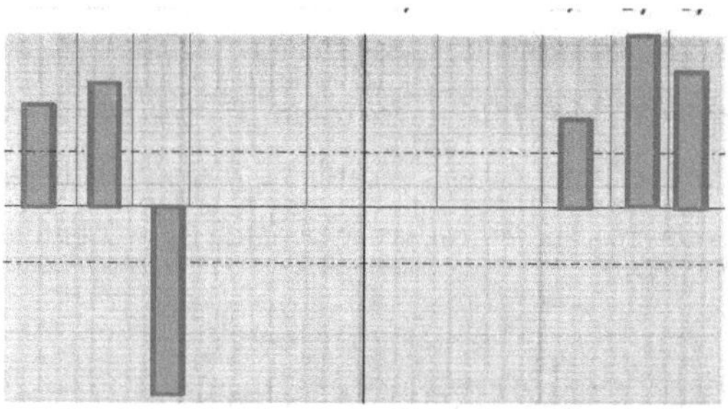

Figura 2.12 Diagrama de barras para sumar vectores

De esta manera se puede visualizar directamente el posible signo y tamaño de las componentes del vector $\vec{R}$ (Figura 2.12); su componente horizontal será más pequeña que su respectiva componente horizontal. Esta herramienta visual permite a los estudiantes comprender una forma clara y sencilla la suma de vectores, a su vez permite a los estudiantes pasar de un modelo matemático a uno geométrico.

**Ejemplo 2.8**.- Un remolcador arrastra a un barco Panamax para cruzar el canal de Panamá (Figura 2.13). Si la fuerza resultante ejercida sobre los cables, debido al remolcador, es de $50{,}000 lb$ a lo largo del eje vertical, determine:

a) la tensión en cada una de las cuerdas sabiendo que el ángulo (para ambos cables) es de $50^{\circ}$

b) realice el diagrama de barras.

Solución.

Figura 2.13 Tensión en los cables del remolcador

Sea $\overrightarrow{T_1} = T_1 \cos(\theta)\,\hat{\imath} + T_1 \sin(\theta)\hat{\jmath}$ la tensión en la cuerda de la derecha; $\overrightarrow{T_2} = -T_2 \cos(\theta)\,\hat{\imath} + T_2 \sin(\theta)\hat{\jmath}$ la tensión en la cuerda de la izquierda (Figura 2.14). Como la resultante se encuentra en el eje vertical, la componente $R_x = 0$. Entonces:

$$
\begin{array}{rl}
 & \overrightarrow{T_1} = T_1 \cos(\theta)\,\hat{\imath} + T_1 \sin(\theta)\,\hat{\jmath} \\
+ & \overrightarrow{T_2} = -T_2 \cos(\theta)\,\hat{\imath} + T_2 \sin(\theta)\hat{\jmath} \\
\hline
 & \vec{R} = 0\hat{\imath} + 2T\sin(50)\hat{\jmath} = 50000
\end{array}
$$

Despejando la tensión será

$$T = \frac{50000}{2\sin(50)} = 32{,}635.1822lb$$

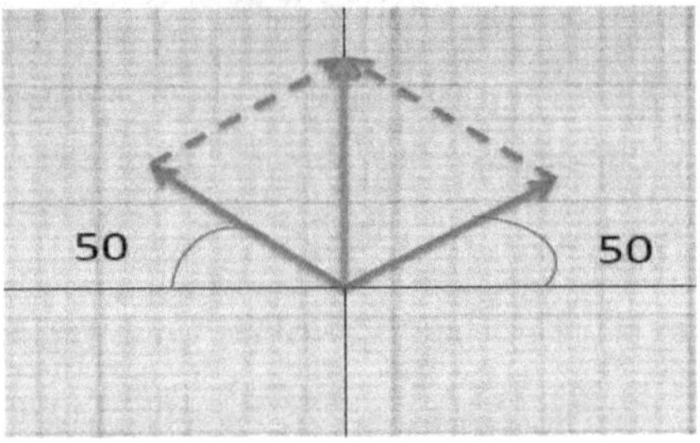


Figura 2.14 Suma de tensiones del remolcador

El diagrama de barras se representa en la Figura 2.15. Puede observarse que la suma de barras muestra claramente que las componentes horizontales son iguales y opuestas, por tal razón se cancelan. La resultante solo tiene componente vertical, de aquí se obtiene el valor de la tensión en cada cuerda.

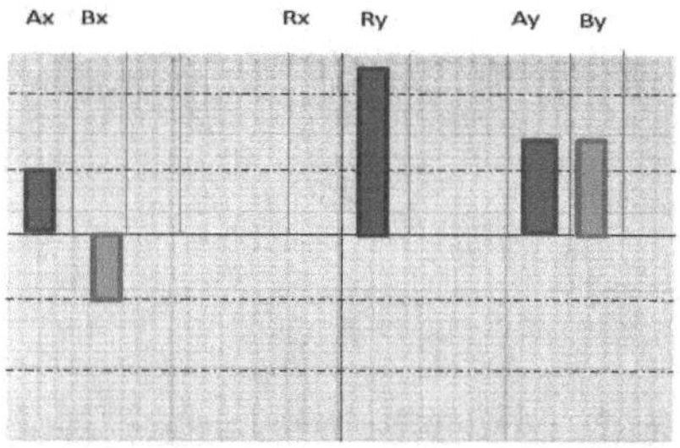


Figura 2.15 Representación de la suma vectorial con barras

## Producto punto y producto cruz

*Producto punto*

**Definición 2.7**.- El producto punto o escalar de dos vectores $\vec{a}$ y $\vec{b}$ en $R^3$ es el escalar

$$\vec{a} \cdot \vec{b} = \|\vec{a}\|\|\vec{b}\| \cos \theta,$$

donde θ es el ángulo entre los vectores, de forma que $0 \leq \theta \leq \pi$.

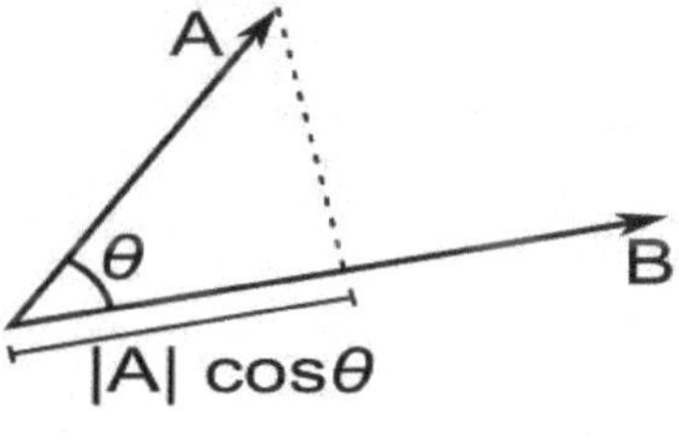


Figura 2.16 Representación del producto punto

**Ejemplo 2.9**.- De la Definición 2.7 se obtiene $\hat{\imath}\cdot\hat{\jmath}=1, \hat{\jmath}\cdot\hat{\jmath}=1, \hat{k}\cdot\hat{k}=1$. Puesto que

$$\|\hat{\imath}\| = \|\hat{\jmath}\| = \|\hat{k}\| = 1$$

y, en cada caso, $\cos\theta = 1$.

Otra forma de representar este producto es la siguiente.

**Definición 2.8**.- Sea $\vec{A} = a_1\hat{\imath} + a_2\hat{\jmath} + a_3\hat{k}$ y $\vec{B} = b_1\hat{\imath} + b_2\hat{\jmath} + c_3\hat{k}$, entonces

$$\vec{A}\cdot\vec{B} = a_1b_1 + a_2b_2 + a_3b_3.$$

**Ejemplo 2.10**.- Si $\vec{A} = 10\hat{\imath} + 2\hat{\jmath} - 6\hat{k}$ y $\vec{B} = \frac{-1}{2}\hat{\imath} + 4\hat{\jmath} - 3\hat{k}$, calcular $\vec{A}\cdot\vec{B}$.

Solución.

$$\vec{A}\cdot\vec{B} = 10\left(\frac{-1}{2}\right) + 2(4) + (-6)(-3) = 21.$$

El producto escalar posee las siguientes propiedades.

i) $\vec{A}\cdot\vec{B} = 0$ si $\vec{A} = \vec{0}$ o $\vec{B} = \vec{0}$

ii) $\vec{A}\cdot\vec{B} = \vec{B}\cdot\vec{A}$ (ley conmutativa)

iii) $\vec{A}\cdot(\vec{B}+\vec{C}) = \vec{A}\cdot\vec{B} + \vec{A}\cdot\vec{C}$ (ley distributiva)

iv) $\vec{A}\cdot(k\vec{B}) = (k\vec{A})\cdot\vec{B} = k(\vec{A}\cdot\vec{B})$ k es un escalar

v) $\vec{A}\cdot\vec{A} \geq 0$

vi) $\vec{A}\cdot\vec{A} = \|\vec{A}\|^2$

**Teorema 2.1.**- Dos vectores no nulos $\vec{A}$ y $\vec{B}$ son ortogonales si, y sólo si, $\vec{A} \cdot \vec{B} = 0$.

$$\hat{j} \cdot \hat{k} = \hat{k} \cdot \hat{j} = 0; \qquad \hat{k} \cdot \hat{i} = \hat{i} \cdot \hat{k} = 0.$$

**Ejemplo 2.11.**- Si $\vec{A} = -3\hat{i} - \hat{j} + 4\hat{k}$ y $\vec{B} = 2\hat{i} + 14\hat{j} + 5\hat{k}$, calcular $\vec{A} \cdot \vec{B}$.

$$\vec{A} \cdot \vec{B} = (-3)(2) + (-1)(14) + (4)(5) = 0$$

De acuerdo al Teorema 2.1, se concluye que $\vec{A}$ y $\vec{B}$ son ortogonales.

**Ejemplo 2.12.**- El producto escalar es conmutativo, entonces

$$\hat{i} \cdot \hat{j} = \hat{j} \cdot \hat{i} = 0$$

El producto punto también es útil para encontrar el ángulo entre dos vectores.

**Ejemplo 2.13.**- Sean $\vec{A} = 5\hat{i} - \hat{j} + 7\hat{k}$ y $\vec{B} = -3\hat{i} + 4\hat{j} + 6\hat{k}$. Encuentre el ángulo más pequeño que hay entre ellos.

Tomando las definiciones 2.7 y 2.8 podemos llegar a

$$cos\,\theta = \frac{\vec{A} \cdot \vec{B}}{\|\vec{A}\|\|\vec{B}\|} = 70°$$

**Producto Cruz.**

**Definición 2.9.**- El producto cruz o vectorial de dos vectores $\vec{A}$ y $\vec{B}$ en $R^3$ es el vector

$$\vec{a} \times \vec{b} = \left(\|\vec{a}\|\,\|\vec{b}\|\sin\theta\right)\vec{n}$$

donde $\theta$ es el ángulo entre los vectores de forma $0 \leq \theta \leq \pi$ y $\vec{n}$ es un vector unitario perpendicular al plano que forman $\vec{A}$ y $\vec{B}$, cuya dirección está dada por la regla de la mano derecha.

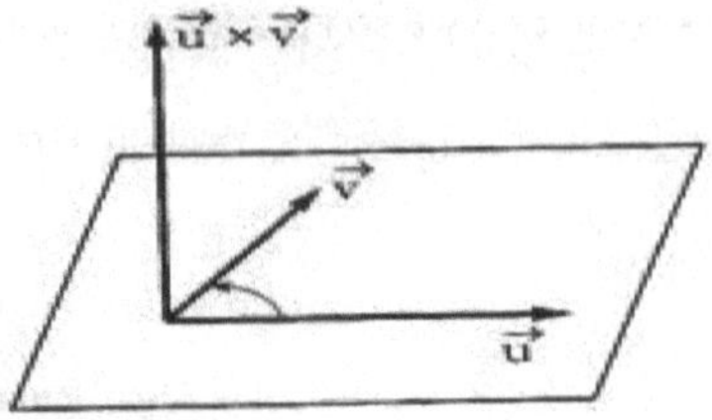


Figura 2.17 Representación del producto cruz

**Definición 2.10.**- Sea $\vec{A} = a_1\hat{\imath} + a_2\hat{\jmath} + a_3\hat{k}$ y $\vec{B} = b_1\hat{\imath} + b_2\hat{\jmath} + c_3\hat{k}$ entonces el producto cruz entre dos vectores se define como:

$$\vec{A} \times \vec{B} = \begin{vmatrix} \hat{\imath} & \hat{\jmath} & \hat{k} \\ a_1 & a_2 & a_3 \\ b_1 & b_2 & b_3 \end{vmatrix} = \begin{vmatrix} a_2 & a_3 \\ b_2 & b_3 \end{vmatrix} \hat{\imath} - \begin{vmatrix} a_1 & a_3 \\ b_1 & b_3 \end{vmatrix} \hat{\jmath} + \begin{vmatrix} a_1 & a_2 \\ b_1 & b_3 \end{vmatrix} \hat{k}$$

El producto vectorial tiene las siguientes propiedades.

i) $\vec{A} \times \vec{B} = \vec{0}, \vec{A} = \vec{0}$ o $\vec{B} = \vec{0}$

ii) $\vec{A} \times \vec{B} = -\vec{B} \times \vec{A}$

iii) $\vec{A} \times (\vec{B} + \vec{C}) = (\vec{A} \times \vec{B}) + (\vec{A} \times \vec{C})$ (leyes distributivas)

iv) $(\vec{A} + \vec{B}) \times \vec{C} = (\vec{A} \times \vec{C}) + (\vec{B} \times \vec{C})$

v) $\vec{A} \times (k\vec{B}) = (k\vec{A}) \times \vec{B} = k(\vec{A} \times \vec{B})$ k escalar

vi) $\vec{A} \times \vec{A} = \vec{0}$

vii) $\vec{A} \cdot (\vec{A} \times \vec{B}) = 0$

viii) $\vec{B} \cdot (\vec{A} \times \vec{B}) = 0$

**Teorema 2.2**.- Dos vectores no nulos $\vec{A}$ y $\vec{B}$ son paralelos si, y sólo si

$$\vec{A} \times \vec{B} = 0$$

**Ejemplo 2.14**.- Los vectores $\hat{\imath}, \hat{\jmath}, \hat{k}$ son vectores paralelos entre si, porque

$$\hat{\imath} \times \hat{\imath} = \vec{0},$$

$$\hat{\jmath} \times \hat{\jmath} = \vec{0}$$

$$\hat{k} \times \hat{k} = \vec{0}.$$

**Ejemplo 2.15**.- Los productos vectoriales de cualquier par de vectores unitarios (Figura 2.18) en el conjunto $\hat{\imath}, \hat{\jmath}, \hat{k}$ es

$$\hat{\jmath} \times \hat{\imath} = -\hat{k},$$

$$\hat{k} \times \hat{\jmath} = -\hat{\imath}$$

$$\hat{\imath} \times \hat{k} = -\hat{\jmath}.$$

Figura 2.18 Simulación del producto cruz entre vectores unitarios

**Ejemplo 2.16**.- Sea $\vec{A} = 2\hat{\imath} + \hat{\jmath} - \hat{k}$ y $\vec{B} = -6\hat{\imath} - 3\hat{\jmath} + 3\hat{k}$, determine si los vectores son paralelos.

Solución

$$\vec{A}\times\vec{B}=\begin{vmatrix}\hat{\imath} & \hat{\jmath} & \hat{k}\\ 2 & 1 & -1\\ -6 & -3 & 3\end{vmatrix}=\begin{vmatrix}1 & -1\\ -3 & 3\end{vmatrix}\hat{\imath}-\begin{vmatrix}2 & -1\\ -6 & 3\end{vmatrix}\hat{\jmath}+\begin{vmatrix}2 & 1\\ -6 & -3\end{vmatrix}\hat{k}$$

$$\vec{A}\times\vec{B}=[1(3)-(-1)(-3)]\hat{\imath}-[2(3)-(-1)(-6)]\hat{\jmath}+[2(-3)-(1)(-6)]\hat{k}=\vec{0}$$

por lo tanto, $\vec{A}$ y $\vec{B}$ son paralelos.

**Ejemplo 2.17**.- Ejemplo: Sea $\vec{A}=4\hat{\imath}-2\hat{\jmath}+5\hat{k}$ y $\vec{B}=3\hat{\imath}+\hat{\jmath}-\hat{k}$, encuentre $\vec{A}\times\vec{B}$.

Solución

$$\vec{A}\times\vec{B}=\begin{vmatrix}\hat{\imath} & \hat{\jmath} & \hat{k}\\ 4 & -2 & 5\\ 3 & 1 & -1\end{vmatrix}=\begin{vmatrix}-2 & 5\\ 1 & -1\end{vmatrix}\hat{\imath}-\begin{vmatrix}4 & 5\\ 3 & -1\end{vmatrix}\hat{\jmath}+\begin{vmatrix}4 & -2\\ 3 & 1\end{vmatrix}\hat{k}$$

Por lo que: $\vec{A}\times\vec{B}=-3\hat{\imath}+19\hat{\jmath}+10\hat{k}$.

**Aplicaciones**

Cuando una fuerza constante de magnitud $F$ mueve a un objeto una distancia $d$ en la misma dirección de la fuerza, el trabajo realizado es simplemente $W=Fd$. Sin embargo, si una fuerza constante $\vec{F}$ aplicada a un cuerpo actúa en un ángulo $\theta$ con respecto a la dirección del movimiento, entonces el trabajo realizado por $\vec{F}$ se define como el producto de la componente de $\vec{F}$ en la dirección del desplazamiento y la distancia $\|\vec{d}\|$ que el cuerpo se mueve, ver Figura 2.19, entonces:

$$W=\left(\|\vec{F}\|\cos\theta\right)\|\vec{d}\|=\|\vec{F}\|\|\vec{d}\|\cos\theta$$

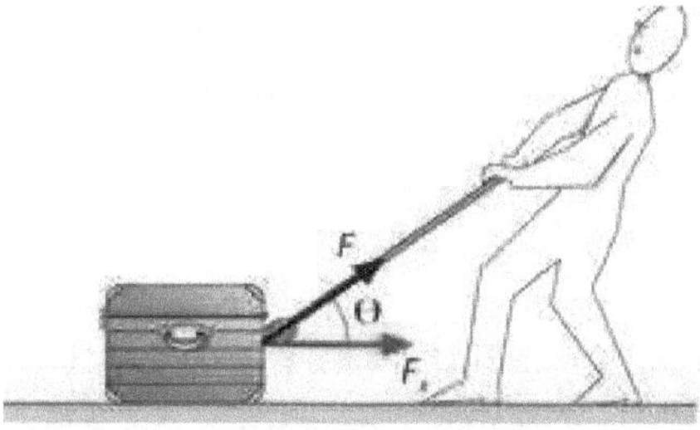


Figura 2.19 Trabajo realizado por una fuerza $\vec{F}$

De la definición del producto escalar, se concluye que si $\vec{F}$ causa un desplazamiento $\vec{d}$ de un cuerpo, entonces el trabajo realizado es

$$W = \vec{F} \cdot \vec{d}.$$

Donde $\vec{F}$ representa el vector fuerza aplicado al objeto, y $\vec{d}$ representa el desplazamiento. Las unidades del trabajo son $Nm$.

**Ejemplo 2.18.-** Encuentre el trabajo realizado por una fuerza constante $\vec{F} = 2\hat{\imath} + 4\hat{\jmath}$ si su punto de aplicación sobre un bloque se mueve de $P_1(1,1)$ a $P_2(4,6)$. Suponga que $\|\vec{F}\|$ se mide en newtons y $\|\vec{d}\|$ en metros.

Solución: El desplazamiento del bloque está dado por

$$\vec{d} = \overrightarrow{P_1P_2} = \overrightarrow{OP_2} - \overrightarrow{OP_1} = 3\hat{\imath} + 5\hat{\jmath}$$

De aquí, que el trabajo realizado es:

$$W = (2\hat{\imath} + 4\hat{\jmath}) \cdot (3\hat{\imath} + 5\hat{\jmath}) = 26 \text{ Nm}.$$

**Ejemplo 2.19**.- La figura 2.20, muestra la fuerza que el viento ejerce sobre un velero. Encuentre la componente de la fuerza en la dirección en la cual viaja el velero, si el ángulo es de 35°.

Figura 2.20 Velero sujeto a la fuerza del viento.

La flecha negra representa la dirección del viento y la color naranja, la dirección del bote.

Solución.- Sea $\hat{u}$ un vector unitario en la dirección de la travesía. La fuerza del viento forma un ángulo de 35º con respecto a la dirección de viaje. Así que la componente de la fuerza en esta dirección está dado por

$$\overrightarrow{F_p} = (\vec{F} \cdot \hat{u})\vec{u} = |\vec{F}| \cos(35)\, \vec{u} = 0.81|\vec{F}|\vec{u}$$

Esto significa que el bote es empujado hacia adelante con una fuerza cercana al 87% de la fuerza total del viento. La interacción real del viento con el bote es mucho más complicada, sin embargo es un buen ejemplo para introducir las utilidades del producto punto.

**Definición 2.11**.- Una línea de corriente (Figura 2.21) es una línea en el flujo que posee la siguiente propiedad: el vector velocidad de cada partícula que ocupa un punto en la línea de corriente es tangente a ella

$$\vec{V} x \overrightarrow{dr} = \vec{0}$$

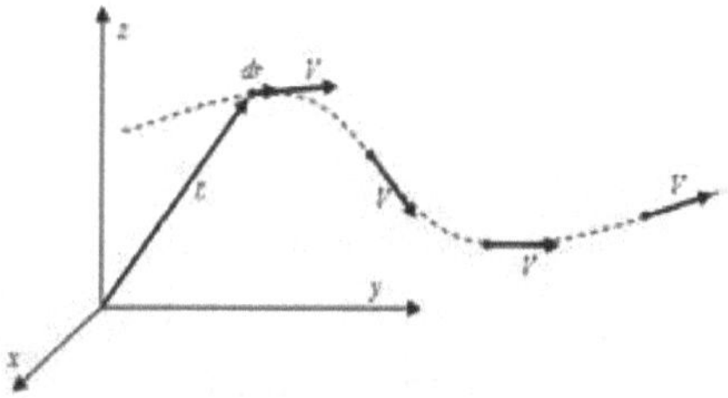

Figura 2.21 Representación de una línea de corriente

**Ejemplo 2.20.-** Determine la velocidad de una partícula de fluido en el origen y en el punto $(1,-2,0)$ para el campo de velocidad indicado, cuando $t = 2s$. Todas las distancias están en metros y $t$ en segundos.

$$\vec{V} = (x+2)\hat{\imath} + xt\hat{\jmath} - z\hat{k};\ en\ m/s$$

Solución.

Para obtener el vector velocidad, evaluamos en t = 2s, y el vector desplazamiento será $\overrightarrow{dr} = \hat{\imath} - 2\hat{\jmath} + 0\hat{k}$.

$$\vec{V} = (1+2)\hat{\imath} + (1)(2)\hat{\jmath} - 0\hat{k} = 3\hat{\imath} + 2\hat{\jmath} + 0\hat{k}\ m/s$$

$$\vec{V}x\,\overrightarrow{dr} = \begin{vmatrix} \hat{\imath} & \hat{\jmath} & \hat{k} \\ 3 & 2 & 0 \\ 1 & -2 & 0 \end{vmatrix} = \begin{vmatrix} 2 & 0 \\ -2 & 0 \end{vmatrix}\hat{\imath} - \begin{vmatrix} 3 & 0 \\ 1 & 0 \end{vmatrix}\hat{\jmath} + \begin{vmatrix} 3 & 2 \\ 1 & -2 \end{vmatrix}\hat{k}$$

$$\vec{V}x\,\overrightarrow{dr} = 0\hat{\imath} + 0\hat{\jmath} - 8\hat{k}$$

Esto indica que el campo no es una línea de corriente.

**Ejemplo 2.21.**- Para el campo de velocidades y el vector desplazamiento de la línea de flujo, determine si una partícula dentro de ese campo pertenece a una línea de corriente, utilizando la Definición 2.11.

a. $\vec{V} = -6\hat{\imath} + 6\hat{\jmath} - 6\hat{k}$ y $\overrightarrow{dr} = -3\hat{\imath} + 3\hat{\jmath} - 3\hat{k}$.
b. $\vec{V} = 5\hat{\imath} - 4\hat{\jmath} + 2\hat{k}$ y $\overrightarrow{dr} = 3\hat{\imath} + 7\hat{\jmath} - 3\hat{k}$

Solución.-

a) $\vec{V} \times \overrightarrow{dr} = \begin{vmatrix} \hat{\imath} & \hat{\jmath} & \hat{k} \\ -6 & 6 & -6 \\ -3 & 3 & -3 \end{vmatrix} = \begin{vmatrix} 6 & -6 \\ 3 & -3 \end{vmatrix} \hat{\imath} - \begin{vmatrix} -6 & -6 \\ -3 & -3 \end{vmatrix} \hat{\jmath} + \begin{vmatrix} -6 & 6 \\ -3 & 3 \end{vmatrix} \hat{k}$

$$\vec{v} \times \overrightarrow{dr} = 0\hat{\imath} + 0\hat{\jmath} + 0\hat{k}$$

Esto indica que sí es una línea de corriente.

b)

$$\vec{V} \times \overrightarrow{dr} = \begin{vmatrix} \hat{\imath} & \hat{\jmath} & \hat{k} \\ 5 & -4 & 2 \\ 3 & 7 & -3 \end{vmatrix} = \begin{vmatrix} -4 & 2 \\ 7 & -3 \end{vmatrix} \hat{\imath} - \begin{vmatrix} 5 & 2 \\ 3 & -3 \end{vmatrix} \hat{\jmath} + \begin{vmatrix} 5 & -4 \\ 3 & 7 \end{vmatrix} \hat{k}$$

$$\vec{V} \times \overrightarrow{dr} = -2\hat{\imath} + 21\hat{\jmath} + 47\hat{k}$$

Como el producto cruz es diferente de cero, el campo no es una línea de corriente.

***Torre de perforación***

La función de la torre de perforación es proporcionar el peso vertical requerido para elevar o bajar una sección de la tubería dentro del pozo. Un diagrama sencillo de las partes que conforman una torre de perforación se muestra en la Figura 2.21, y durante el proceso de perforación se producen diversas presiones sobre ella. Para los fines de este libro se analizaran solo las que se ejercen sobre la línea vivía (*fast line*), la línea muerta (*dead line*) y la polea viajera (*traveling block*). La tensión en la línea viva, se puede calcular con la expresión:

$$F_f = \frac{W}{nE}$$

y en la en la línea muerta

$$F_s = \frac{W}{n}$$

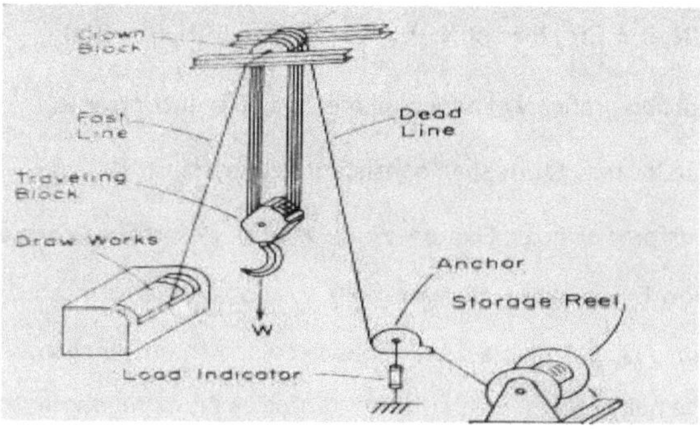


Figura 2.21 Partes de una torre de perforación

La eficiencia de la polea móvil depende del número de cables que se utilicen en ella (Ver Anexo 2).

**Problemas propuestos**

1. Sea $A = 10N, \theta = 50^{\circ}; B = 80N, \theta = 120^{\circ}$ y $C = 50N, \theta = 200^{\circ}$.

a. Utilice el método gráfico y el papel milimétrico para encontrar $\vec{R}$.

b. Verifique que los resultados sean consistentes entre sí.

2. Se desea perforar el pozo Oxotan-25 de $1000m$ de profundidad, utilizando una tubería grado D con diámetro externo $4\ ^{1}/_{2}\ in$, diámetro interno $3.64in$ , cuyo peso es $20lbf/ft$. El sistema de tuberías se coloca en un gancho que se encuentra en la torre de perforación. Si se colocan tramos de aproximadamente $30m$,

a. ¿Cuántos tramos se requieren para llegar al yacimiento?

b. Si el fluido de perforación ejerce una fuerza de flotación cercana al $20\%$ de su peso, ¿Cuál es la tensión en la tubería superior?

c. ¿Es adecuada la tubería que se pretende utilizar?

d. El gancho al cual se colocó el sistema de tuberías, se une a un sistema de 8 cables de acero mejorado de $^{7}/_{8}$ in, con las condiciones indicadas en este problema, ¿resistirán los cables utilizados?

3. El sistema de tuberías del pozo Natox-55, se coloca a una polea móvil que tiene un sistema de cables que permite dar soporte a las tuberías, cuyo peso es de $555,142.42N$. El ingeniero de perforación recibe la instrucción de utilizar seis cables de $1/2$in de acero reforzado, debido al plan de austeridad.

a. ¿Es conveniente utilizar solo seis cables?

b. ¿Cuántos cables de este tipo se requieren como mínimo para el sistema?

4. Una torre de perforación (en términos genéricos) consta de los elementos mostrados en la Figura 2.21, la tensión en la línea viva ($F_f$) y la tensión en la línea muerta ($F_s$) se calculan con las expresiones: $F_f = {}^{W}/_{nE}$ ; $F_s = {}^{W}/_{n}$, donde W representa el peso total de la tubería, n es el número de líneas en el gancho y E representa la eficiencia del sistema de líneas. Si $W = 300{,}000lb$, el ángulo que forman las tensiones $F_f$ y $F_s$ con respecto a la vertical son $40°$ y $55°$

respectivamente. Encuentre la magnitud y dirección de la tensión que soportará la corona de la torre de perforación.

Tome $\mathrm{n} = 10$.

5. Sea $\vec{A} = 2\hat{\imath} - 3\hat{\jmath} + 4\hat{k}$, $\vec{B} = -\hat{\imath} + 2\hat{\jmath} + 5\hat{k}$ y $\vec{C} = 3\hat{\imath} + 6\hat{\jmath} - \hat{k}$. Encuentre el vector o el escalar indicados.

a. $(2\vec{B}) \cdot (3\vec{C})$

b. $(2\vec{A}) \cdot (\vec{A} - 2\vec{B})$

6. Encuentre un vector $\vec{V} = x_1\hat{\imath} + y_1\hat{\jmath} + \hat{k}$ que sea ortogonal tanto a $\vec{A} = 3\hat{\imath} + \hat{\jmath} - \hat{k}$ como a $\vec{B} = -3\hat{\imath} + 2\hat{\jmath} + 2\hat{k}$.

7. Un trineo se mueve horizontalmente sobre el hielo con una cuerda atada a su parte frontal. El trineo se mueve 100 pies gracias a una fuerza de 20 libras que actúa en un ángulo de $60^{\circ}$ con respecto a la horizontal. Encuentre el trabajo realizado.

8. Encuentre el trabajo realizado si el punto en el que la fuerza constante $\vec{F} = 4\hat{\imath} + 3\hat{\jmath} + 5\hat{k}$ se aplica a un objeto y éste se mueve de $P_1(3,1,-2)$ a $P_2(2,4,6)$. Considere que $\|\vec{F}\|$ se mide en newtons y $\|\vec{d}\|$ en metros.

9. Un bloque de peso $\vec{w}$ se jala a lo largo de una superficie horizontal sin fricción por medio de una fuerza constante $\vec{F}$, de magnitud 30N, en la dirección dada por el vector $\vec{d}$. Considere que $\|\vec{d}\|$ se mide en metros.

a. ¿Cuál es el trabajo realizado por el peso $\vec{w}$?

b. ¿Cuál es el trabajo realizado por la fuerza $\vec{F}$ si $\vec{d} = 4\hat{\imath} + 3j$?

10. Encuentre $\vec{A} \times \vec{B}$.

a. $\vec{A} = 2\hat{\imath} - \hat{\jmath} + 2\hat{k}$ y $\vec{B} = -\hat{\imath} + 3\hat{\jmath} - \hat{k}$.

b. $\vec{A} = 4\hat{\imath} + \hat{\jmath} - 5\hat{k}$ y $\vec{B} = 2\hat{\imath} + 3\hat{\jmath} - \hat{k}$.

11. Dado $\vec{A} = 4\hat{\imath} - 3\hat{\jmath} + 6\hat{k}$, $\vec{B} = 2\hat{\imath} + 4\hat{\jmath} - \hat{k}$ y $\vec{C} = -\hat{\imath} + 2\hat{\jmath} - \hat{k}$, determine:

a. $(\vec{\mathrm{B}} \times \vec{\mathrm{C}}) \cdot \vec{\mathrm{A}}$

b. $(\vec{\mathrm{A}} \times \vec{\mathrm{B}}) \times \vec{\mathrm{C}}$

12. Determine el vector unitario normal a la línea de corriente en un punto donde $\vec{V} = -3\hat{\imath} - 4\hat{\jmath}$ en un flujo plano.

a. $0.6\hat{\imath} - 0.8\hat{\jmath}$

b. $-0.6\hat{\imath} + -0.8\hat{\jmath}$

c. $0.8\hat{\imath} - 0.6\hat{\jmath}$

d. $0.8\hat{\imath} + 0.6\hat{\jmath}$

13. Calcule el ángulo que el vector velocidad forma con el eje horizontal; y un vector unitario normal a la línea de corriente (1,-2) en los siguientes campos de velocidades cuando t=2s. Todas las distancias están en metros y t en segundos.

a. $\vec{V} = (x + 2)\hat{\imath} + xt\hat{\jmath} - z\hat{k}$; en $\frac{m}{s}$

b. $\vec{V} = xy\hat{\imath} - 2y^2\hat{\jmath} - tyz\hat{k}$; en $m/s$

# Capítulo III. Movimiento Rectilíneo uniforme y acelerado

## Movimiento rectilíneo y acelerado

*Identificando el Movimiento Rectilíneo Uniforme*

**Nota**: Para todas las actividades que se realizarán, deberán formarse equipos de cuatro estudiantes como máximo.

En física, como en otras ciencias, para poder describir el comportamiento de un objeto es necesario tomar en cuenta algunas consideraciones, una de ellas es que los objetos los consideramos como partículas puntuales, es decir que no se considera el tamaño ni la forma del objeto para su estudio. Aunque esto sólo puede hacerse en caso muy especiales, para los fines de este libro consideraremos en todos los casos objetos puntuales.

**Objeto puntual**.- cuando no se necesita tomar en cuenta el tamaño del objeto para resolver un problema, se puede representar como un objeto puntual. Este punto tendrá todas las propiedades del objeto excepto el tamaño y forma, al cual se le llama *objeto puntual*. Podemos considerar objetos reales como objetos puntuales (Figura 3.1) en dos circunstancias: a) cuando todas sus partes se mueven de la misma manera, b) cuando los objetos son mucho más pequeños las dimensiones del proceso descrito en el problema.

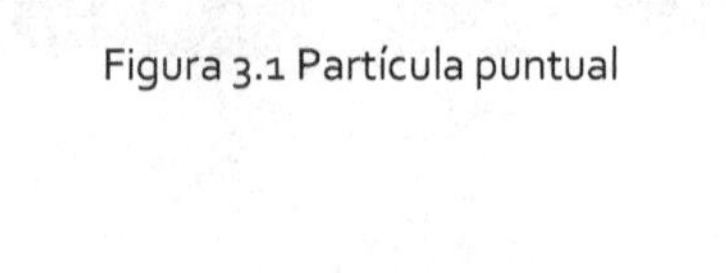


Figura 3.1 Partícula puntual

**Cantidad física**.- Una cantidad física es una característica de un fenómeno físico que puede ser medida. Un instrumento de medición es usado para realizar un comparativo cuantitativo de esta característica y una unidad de medida. Ejemplos de cantidades físicas son tu altura, la velocidad de tu carro o la temperatura del aire o agua. Si una característica no tiene una unidad, no es una cantidad física.

La posición $x$, es una localización de un objeto relativo a un cero elegido en un sistema coordenado.

**Intervalo de tiempo**.- El intervalo de tiempo es la diferencia entre dos lecturas de reloj. Si representamos una lectura de tiempo como $\mathrm{t}_1$ y otra lectura como $\mathrm{t}_2$, entonces el intervalo de tiempo entre esas dos lecturas de reloj es $\mathrm{t}_2 - \mathrm{t}_1$. Otra forma de escribir esta declaración es: $\mathrm{t}_2 - \mathrm{t}_1 = \Delta\mathrm{t}$.

El símbolo $\Delta$ es la letra griega delta, en física y matemáticas se lee como delta t ($\Delta$t) o el cambio en t. El tiempo puede medirse en muchas unidades diferentes, como segundos, minutos, horas, días, años, siglos, etc.

## Definición de velocidad

*Relación con la pendiente de una recta*

**Ejemplo 3.1**.- Análisis de datos en diferentes representaciones.

a) Luz, Jenny y José (en reposo con respecto uno del otro) recolectaron datos para la prueba reológica de un fluido. Cada uno representó los datos de forma distinta. Examine las tres representaciones de abajo (Figura 3.2); seleccione una representación que representaría mejor la prueba. Explique.
b) Discute tu elección y las razones con tus compañeros de clase.

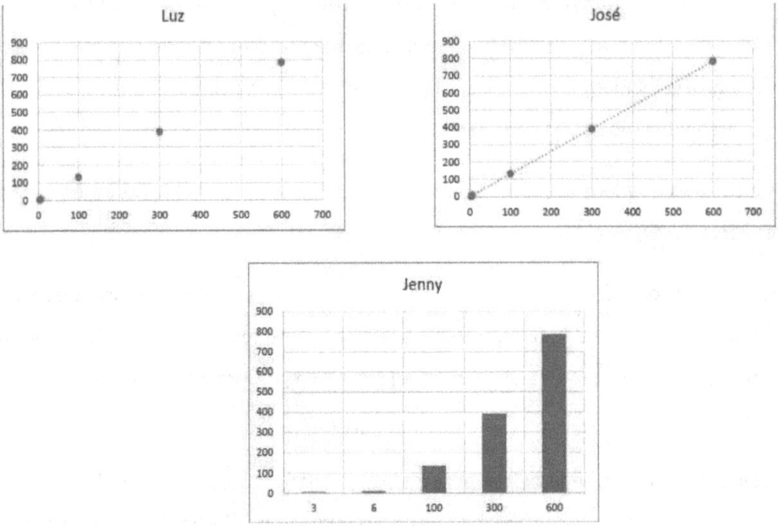


Figura 3.2 Graficas de datos

Escribe aquí tus comentarios.

**Ejemplo 3.2**.- En la figura de abajo se muestran las imágenes de un perrito moviéndose a lo largo de un camino. Para cada tiempo indicado, se coloca una marca para indicar la posición que tenía.

a) Trace proyecciones desde el perrito hasta la línea horizontal en cada imagen, después utilice una regla para determinar la distancia recorrida. ¿Qué suposiciones debe hacer?
b) Elabore un diagrama de puntos con esos datos
c) ¿Cómo se vería su diagrama si el movimiento fuera cada $5s$ en vez de $10s$?
d) ¿Cómo calcularía la pendiente de la recta? ¿Representa una cantidad física?

Figura 3.3 Movimiento de un perrito caminando

De acuerdo al Ejemplo 3.2, se puede deducir una definición de la velocidad de un objeto que se mueve durante un cierto tiempo, además se debe recalcar que la pendiente de la recta proporciona información importante sobre el movimiento y dirección del objeto. Recuerde que podemos tener pendientes con valores positivos, negativos o cero.

**Definición 3.1.**- La velocidad promedio de una partícula se define como la razón de cambio de su desplazamiento $\Delta x$ con respecto al intervalo de tiempo $\Delta t$:

$$\bar{v} = \frac{\Delta x}{\Delta t} = \frac{x_f - x_i}{t_f - t_i}$$

La velocidad se mide, en S.I, en $m/s$. Cuando el cambio del desplazamiento, con respecto al tiempo, se realiza de manera uniforme se dice que el objeto viaja a velocidad constante, así la ecuación anterior se reduce a

$$\bar{v} = \frac{x}{t} = cte$$

Si reducimos el intervalo de tiempo, podemos conocer la velocidad en un intervalo de tiempo muy pequeño, es decir hacemos $\Delta t \to 0$ así que

$$\vec{v} = \lim_{\Delta t \to 0} \frac{\Delta x}{\Delta t} = \lim_{\Delta t \to 0} \frac{x_f - x_i}{t_f - t_i} = \frac{dx}{dt}$$

A lo cual se le llama velocidad instantánea.

La velocidad es una cantidad vectorial; su magnitud se llama rapidez, el cual es un escalar y es lo podemos ver en el velocímetro de un automóvil. La velocidad puede tener signo positivo o negativo, un cambio en su signo implica un cambio en la dirección del movimiento del objeto. El caso trivial es cuando $\vec{v} = \vec{0}$, implicando que el objeto se encuentra en reposo.

*Graficas tiempo-posición*

Las gráficas son herramientas muy importantes para todas las áreas de las ciencias e ingenierías, ya que a través de ellas se pueden interpretar mejor los datos obtenidos de un experimento. En los ejemplos 3.1 y 3.2, se analizaron representaciones de datos en cuatro formas diferentes, obteniendo resultados muy semejantes. En esta sección aprenderá a realizar gráficos para interpretar los datos coleccionados de un experimento dado, así también identificar la función matemática que podría modelarlos.

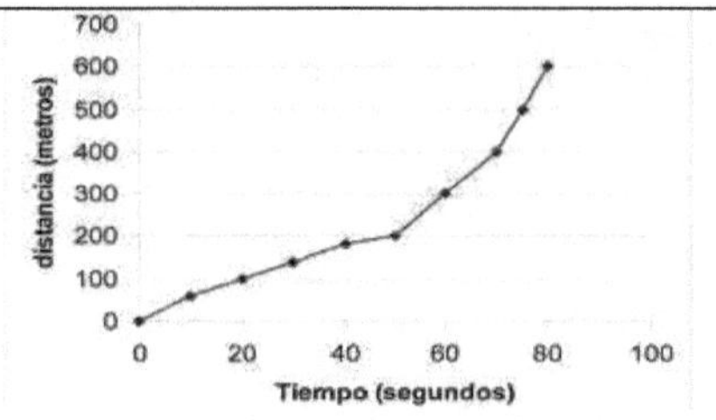


Figura 3.4a Gráfica discontinua de un objeto

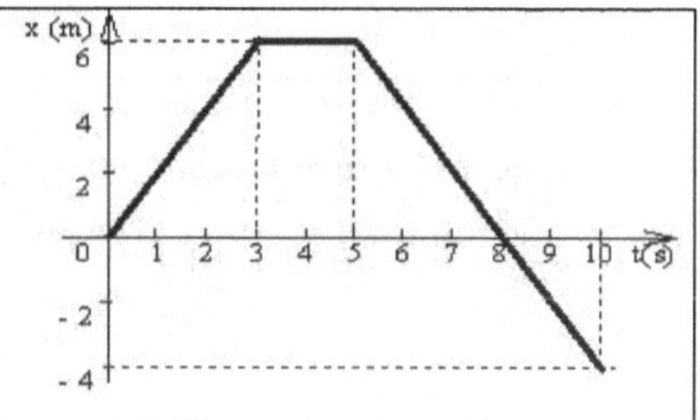


Figura 3.4b Gráfica continua de un objeto

Como caso particular, la gráfica de la Figura 3.4a puede representar el movimiento acelerado de un objeto, ya que la forma en que se distribuyen los datos parecen seguir una parábola, es decir a medida que transcurre el tiempo la partícula recorre mayor distancia durante cierto intervalo de tiempo.

En la Figura 3.4b se muestra el movimiento de una partícula, en tres secciones de tiempo bien definidas. La primera $(0 - 3s)$ parte muestra un movimiento en el cual se recorre $2m$ cada segundo transcurrido; en la segunda sección $(3 - 5s)$ la partícula no se mueve, posteriormente $(5 - 10s)$ la partícula cambia su dirección y regresa, pasando por el origen y continua su recorrido en esa dirección. Observe que, en el primer tramo la pendiente de la recta es positiva, en la segunda sección el valor de la pendiente es cero, y en la última sección la su valor es negativo.

**Ejemplo. 3.3.**- Imagina que te encuentras manejando una moto en un lugar seguro. La tabla de abajo indica tu posición a lo largo del camino recorrido a diferentes intervalos de tiempo. Con base a ello:

a) Escriba todo lo que pueda para describir esa serie de datos
b) Construya una gráfica tiempo-posición, describa su comportamiento
c) Escriba el modelo matemático que los describa
d) ¿Cuál es el significado de la pendiente? Explique el significado de los valores positivos y negativos
e) Calcule la velocidad promedio para cada par de datos.

| Tiempo (s) | Posición (m) |
|---|---|
| 0 | 645 |
| 20 | 500 |
| 40 | 355 |
| 60 | 215 |
| 80 | 75 |
| 100 | -55 |
| 120 | -195 |

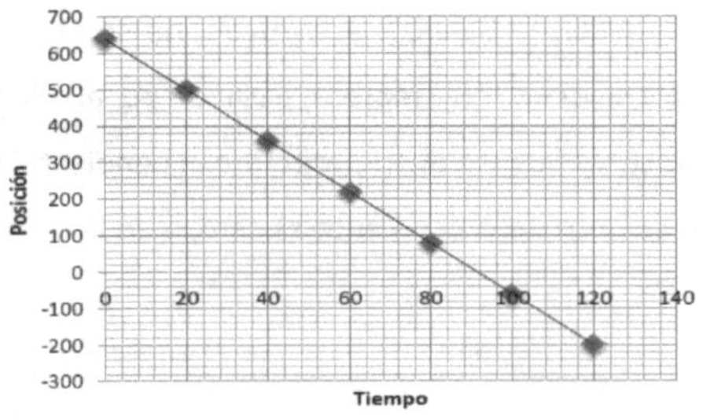

Figura 3.5 Gráfica de la posición de la moto

En la Figura 3.5 se aprecia la gráfica de los datos del Ejemplo 3.3, como puede observar los datos se distribuyen en el plano de manera lineal, por lo que se pueden aproximar mediante una recta con pendiente negativa, y de acuerdo con la Definición 3.1 la pendiente representa la velocidad de la bicicleta por lo que un valor aproximada será $-7m/s$ moviéndose de derecha a izquierda, con velocidad constante.

**Ejemplo 3.4** En la tabla de abajo, se proporciona una serie de datos que describen el movimiento, de un helicóptero de juguete.

a) Elabore una gráfica tiempo-posición con esos datos. Explique el significado de la pendiente

b) Encuentre el modelo matemático que describe el movimiento del planeador

| Tiempo (s) | Posición (m) |
|---|---|
| 0.000 | 0.015 |
| 0.133 | 0.079 |
| 0.267 | 0.131 |
| 0.400 | 0.202 |
| 0.533 | 0.266 |
| 0.667 | 0.334 |
| 0.800 | 0.498 |

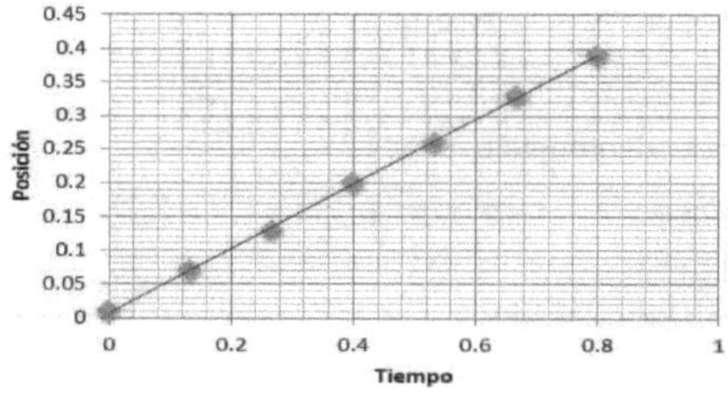


Figura 3.6 Grafica de la posición del planeador

La Figura 3.6 representa la gráfica de los datos del Ejemplo 3.4. Los datos se comportan de manera lineal y pueden modelarse mediante la ecuación de la recta, en este caso la pendiente es positiva, significa que la partícula no cambia de dirección y se aleja del origen, moviéndose de izquierda a derecha. El modelo matemático tiene la forma

$$x = 0.44t + 0.01$$

Como el comportamiento es lineal, consideramos que el planeador se mueve con velocidad constante.

## Movimiento acelerado

*Características del movimiento acelerado*

**Ejemplo 3.5**.- Suponga que coloca un carrito sobre una pista sin fricción, inclinada a 15º con respecto a la horizontal. La tabla de datos proporciona los registros de la posición de la parte de enfrente del carro a diferentes tiempos. El eje $x$ está a lo largo de la pista.

a) Analice los datos y observe si hay un patrón
b) Elabore una gráfica tiempo-posición. ¿Qué forma tiene la gráfica?
c) ¿Cómo se comportan los datos en este caso?
d) Calcule la velocidad promedio para cada par de datos y observe cómo se comporta la velocidad.

| Tiempo | Posición |
|---|---|
| 0 | 0 |
| 0.5 | 0.31 |
| 1.0 | 0.95 |
| 1.5 | 1.01 |
| 2.0 | 3.50 |
| 2.5 | 5.41 |

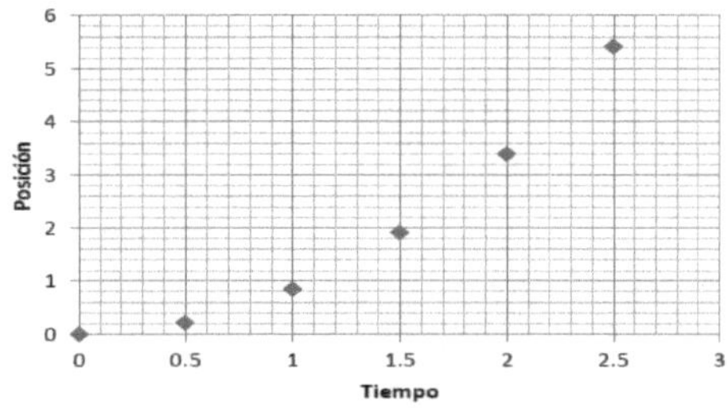


Figura 3.7 Gráfica de la posición del carrito

El comportamiento del carrito se muestra en la gráfica 3.7, la cual indica que no es tipo lineal es decir la distancia recorrida aumenta progresivamente en el mismo intervalo de tiempo, por lo que la velocidad no se considera constante. Por lo tanto, podemos identificar un movimiento acelerado y el modelo matemático corresponde a la ecuación de una parábola de la forma

$$y = ax^2 + bx + c$$

**Ejemplo 3.6**.- Utilice una pelota de Voleibol o basquetbol. Colóquela en una superficie horizontal lisa, láncela y observe su movimiento. Al momento de lanzarla, coloque una bolsita de arena a lado de la pelota cada segundo, de esta manera se obtiene la posición de la pelota, hasta que se detenga. Proceda a medir la distancia que hay entre cada par de bolsitas, regístrelos en la Tabla 3.1 y proceda a graficarlos. Los datos se toman hasta que la pelota se detenga.

a) ¿Qué tipo de curva presentan los datos?
b) ¿Qué comportamiento presenta el movimiento de la pelota?
c) ¿Qué modelo matemático podría describir los datos?

Tabla 3.1 –Datos de la posición de la pelota

| Tiempo (s) | Distancia horizontal |
|---|---|
| 0 | |
| 2 | |
| 4 | |
| 6 | |
| 8 | |
| 10 | |

**Definición 3.2**.- La aceleración promedio de una partícula en el intervalo de tiempo $\Delta t$, se define como el cociente entre el cambio de la velocidad promedio y el intervalo de tiempo indicado:

$$\bar{a} = \frac{\Delta \bar{v}}{\Delta t} = \frac{v_f - v_i}{t_f - t_i}$$

La aceleración se mide, en S.I, en $m/s^2$.

Si reducimos el intervalo de tiempo, podemos conocer la aceleración en un intervalo de tiempo muy pequeño, es decir hacemos $\Delta t \to 0$ asi que

$$\vec{a} = \lim_{\Delta t \to 0} \frac{\Delta \bar{v}}{\Delta t} = \lim_{\Delta t \to 0} \frac{v_f - v_i}{t_f - t_i} = \frac{d\vec{v}}{dt}$$

A lo cual se le llama aceleración instantánea. Como se puede ver, la aceleración mide el cambio de la velocidad de un objeto, por tal razón es una cantidad vectorial. La aceleración tiene sus respectivas interpretaciones, y surgen tres casos concretos: aceleración positiva, aceleración negativa y aceleración nula (asumiendo en todos los casos que siempre será constante; podemos tener también aceleraciones variables pero no son caso de estudio en este libro).

a) Aceleración negativa.- En este caso, la distancia que recorre el objeto va disminuyendo, tal como cuando un carro de juguete sube por una pendiente. EN otras palabras, la dirección de la aceleración y la velocidad están en direcciones opuestas; esta situación provocará que la velocidad disminuya continuamente (Figura 3.8), en el punto más alto de la figura la velocidad se hace cero.
b) Aceleración positiva.- Al pasar el punto más alto de la gráfica, la velocidad comienza a crecer de manera continua, bajo esta circunstancias la velocidad y la aceleración actúan en la misma dirección tal como ocurre al bajar un carro por una colina.
c) Aceleración cero.- Este caso representa un movimiento a velocidad constante, de acuerdo a la Definición 3.2, una aceleración igual a cero implica que la velocidad no debe cambiar, por tanto el movimiento es rectilíneo uniforme. Obsérvese que aun cuando la aceleración sea cero, no significa que el cuerpo esté en reposo.

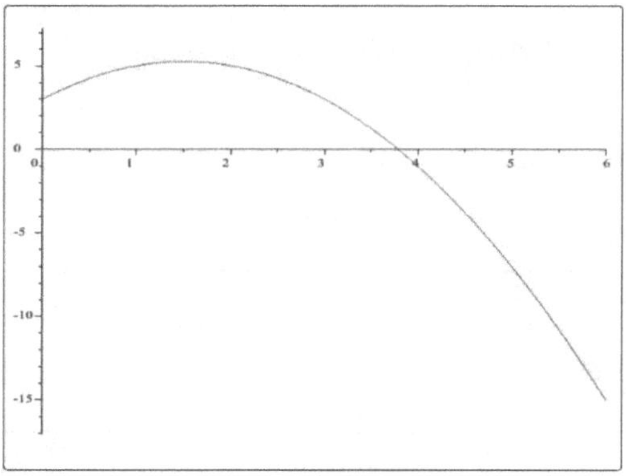


Figura 3.8 Representación de la posición de una partícula y su relación con la velocidad y la aceleración.

**Ejemplo 3.6** Utilice una pistola de dardos (de juguetes), una cinta métrica, un transportador y un marcador. Coloque la pistola de juguete a diferentes ángulos, tal como se muestra en la Tabla 3.2. Para cada lanzamiento, mida la distancia horizontal máxima recorrida.

a) Analice los datos y encuentre un patrón entre el ángulo de disparo con el alcance máximo horizontal.
b) ¿Qué pasa con la altura máxima a medida que aumenta el ángulo?

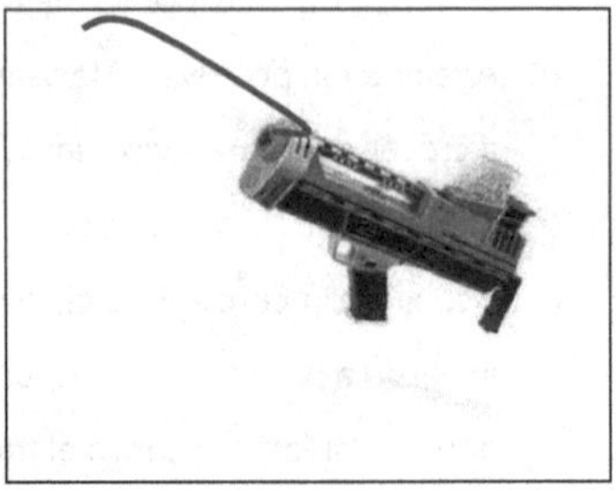

Tabla 3.2 –Relación del ángulo vs distancia

| Angulo de lanzamiento | Distancia horizontal máxima |
|---|---|
| 15° | |
| 30° | |
| 45° | |
| 60° | |
| 75° | |

## Movimiento circular

El movimiento rectilíneo uniforme puede tener las siguientes variantes: velocidad, constante, aceleración constante o aceleración variable. Esta última, aunque se trata de los movimientos naturales más comunes en la vida cotidiana, debido a su complejidad no se tratan en este libro introductorio. Los primeros dos casos, ocurren en la naturaleza en ciertas ocasiones y bajo condiciones especiales. Otro tipo de movimiento que podemos encontrar, es el movimiento circular; el cual puede ser uniforme o no uniforme.

**Definición 3.3**.- Cuando un objeto se mueve en una trayectoria circular con velocidad tangencial (lineal) constante, recibe el nombre de movimiento circular uniforme (Figura 3.9). El vector velocidad siempre es tangente a la curva y perpendicular al radio de la trayectoria.

Se debe mencionar que existen, al menos dos tipos de velocidad en este movimiento: la velocidad lineal (o tangencial) y la velocidad angular. Así también, existen dos tipos de aceleraciones: la tangencial y la centrípeta, la cual es responsable de que los objetos no se salgan de su trayectoria (cuando se sobre pasan las condiciones, entonces puede ser que el objeto salga de la trayectoria). La aceleración centrípeta, se define matemáticamente como:

$$a_c = \frac{v^2}{r}$$

Donde $r$, representa el radio de la curva. La aceleración tangencial se relaciona con la Definición 3.2. De esta manera, la aceleración total queda como:

$$\vec{a} = \overrightarrow{a_r} + \vec{a}_t$$

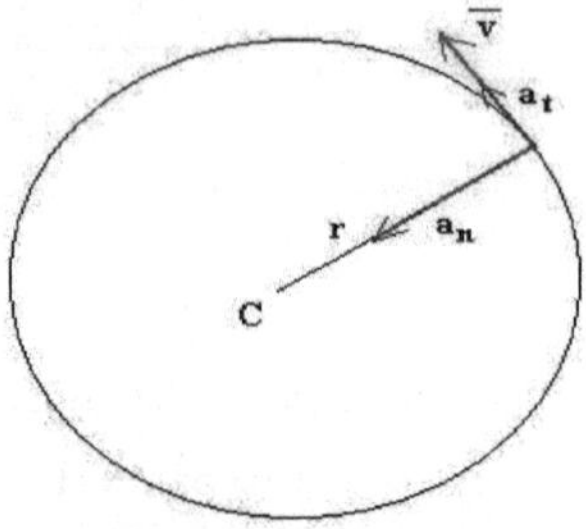


Figura 3.9 Representación del movimiento circular

**Ejemplo 3.7**.- Un punto sobre una tornamesa (Figura 3.10) en rotación a $20cm$ del centro acelera desde el reposo hasta $0.7m/s$ en $1.75s$. En $t = 1.25s$, encuentre la magnitud y dirección de:

a) la aceleración centrípeta

b) la aceleración tangencial

c) la aceleración total.

Solución.

Consideramos los datos del problema: $r = 0.20m; V = 0.7m/s; t = 1.75s$. Para resolver el a) utilizamos:

$$a_c = \frac{v^2}{r} = \frac{(0.7m/s)^2}{0.2m} = 2.45m/s$$

Para encontrar la aceleración tangencial, hacemos uso de las ecuaciones del movimiento acelerado:

$$a_t = \frac{v - v_0}{t} = 0.4m/s$$

Y para la aceleración total:

$$a_T = \sqrt{a_c^2 + a_t^2} = 2.48m/s^2$$

Figura 3.10 Objeto en una tornamesa

**Ejemplo 3.8**.- En el ciclo de centrifugado de una máquina lavadora (Figura 3.11), el tubo de $30cm$ de radio gira a razón de $630rpm$. ¿Cuál será la máxima velocidad lineal con la que sale el agua de la máquina?

Solución.-

Consideramos los datos del problema:

$$r = 0.3m, \omega = 630rpm$$

Para calcular la velocidad lineal, convertimos las revoluciones por minuto a radianes por segundo.

$$\omega = 630rpm\left(\frac{2\pi rad}{1rev}\right)\left(\frac{1min}{60s}\right) = 65.9734rad/s$$

Por lo que, la velocidad lineal será:

$$v = \omega r = 19.792m/s$$

Figura 3.11 Centrifugado de una lavadora

*Características del MC*

La velocidad angular es una medida de la velocidad de rotación (Figura 3.12). Se define como el ángulo girado por una unidad de tiempo y se designa mediante la letra griega $\omega$. Su unidad en el S.I, es el radián por segundo ( $rad/s$ ). Aunque se la define para el movimiento de rotación del sólido rígido, también se la emplea en la cinemática de la partícula o punto material, especialmente cuando esta se mueve sobre una trayectoria cerrada (circular, elíptica, etc).

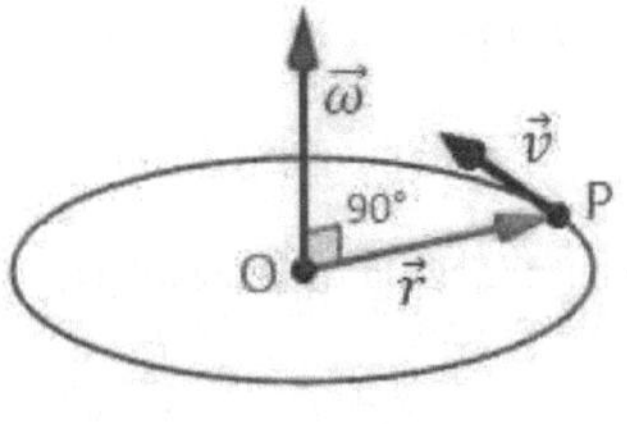


Figura 3.12 Representación de la velocidad angular

Matemáticamente se define como

$$\omega = 2\pi\vartheta = \frac{2\mu}{T}$$

Donde $\vartheta$ es la frecuencia en Hertz, T es el periodo en segundos, $\omega$ se mide en rad/s y se relaciona con la velocidad lineal mediante la expresión (ver Figura 3.12):

$$v = \vec{\omega} x \vec{r}$$

Otra definición de utilidad es la aceleración angular de una partícula:

$$\alpha = (\omega - \omega_0)/t$$

Lo cual representa el cambio en la velocidad angular, algo semejante a la definición de la aceleración lineal.

**Ejemplo 3.9**.- Un hombre (Figura 3.13) hace girar un disco desde el reposo durante $10s$, con una aceleración de $\pi rad/s^2$, momento en el cual suelta el disco. ¿A qué velocidad sale despedido éste si el radio de giro mide $60cm$?

Solución.

Ordenando los datos tenemos: $\alpha = \pi rad/s^2$; $t = 10s$; $r = 0.6m$

$$\omega = \alpha t = (\pi)(10) = 31.416 rad/s$$

Entonces la velocidad lineal es:

$$v = \omega t = 18.85 m/s$$

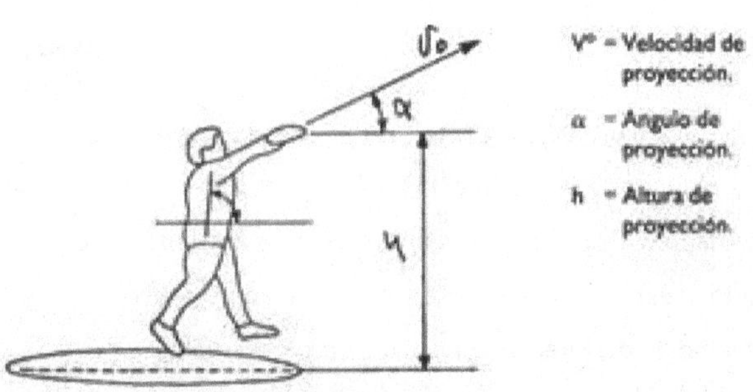


Figura 3.13 Representación del lanzamiento de disco

Para tener un buen lanzamiento del disco, es necesario soltarlo a un ángulo adecuado, una altura adecuada y una velocidad ideal. El atleta alemán Jurgen Schult rompió record al lanzar el disco a una distancia de $74.08m$ en $1986$, record que permanece hasta la fecha.

**Problemas propuestos.**

1. Durante el proceso de extracción del hidrocarburo de un pozo, la cantidad de aceite extraída se muestra en la Figura 3.14. EL volumen está en $m^3$ y el tiempo en minutos. Determine

a. El flujo (gasto) del aceite durante los siguientes intervalos:

i. $0 < t < 35$

ii. $35 < t < 50$

iii. $50 < t < 90$

iv. $t > 90$

b. Describa el comportamiento de la extracción del aceite

c. ¿Qué significado tiene la pendiente negativa?

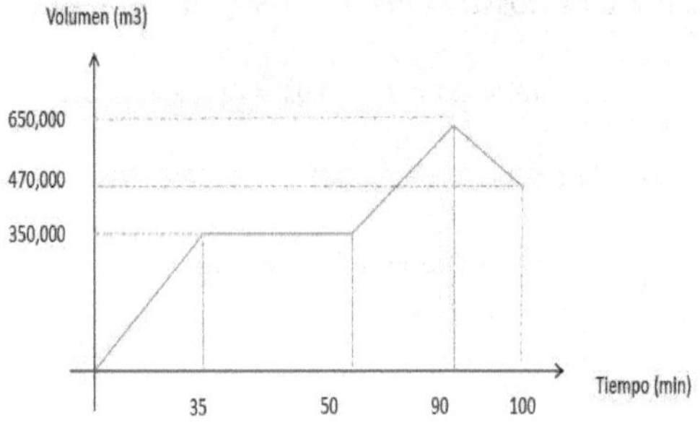


Figura 3.14 Gráfica de la extracción de aceite

2. Durante el proceso de perforación de un pozo (cuando la barrena está nueva) la profundidad del agujero aumenta de manera constante (Figura 3.15). La profundidad está en metros y el tiempo en hrs. Encuentre

a. La velocidad de perforación en los siguientes intervalos

i. $(0 : 80)m$

ii. $(80 : 120)m$

iii. $(120 : 150)m$

b. ¿Qué factores considera que afectan estos cambios de velocidad?
c. ¿En qué momento se debe cambiar la barrena? Nota: la barrena debe cambiarse cuando la velocidad de perforación es menor a $18m/hrs$.

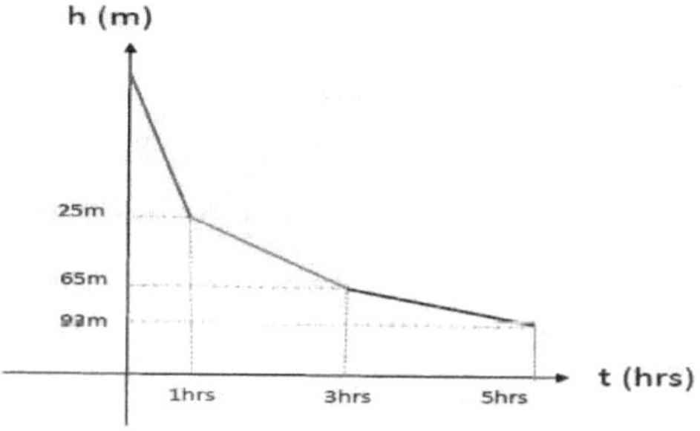


Figura 3.15 Profundidad de la perforación

3. Una partícula cargada (electrón) entra en una zona donde existe un campo eléctrico intenso. La Figura 3.16 muestra su trayectoria.
a. Describa su movimiento dentro del campo
b. ¿Qué ocurre con velocidad durante todo el trayecto?
c. ¿Puede describir el comportamiento de la aceleración?

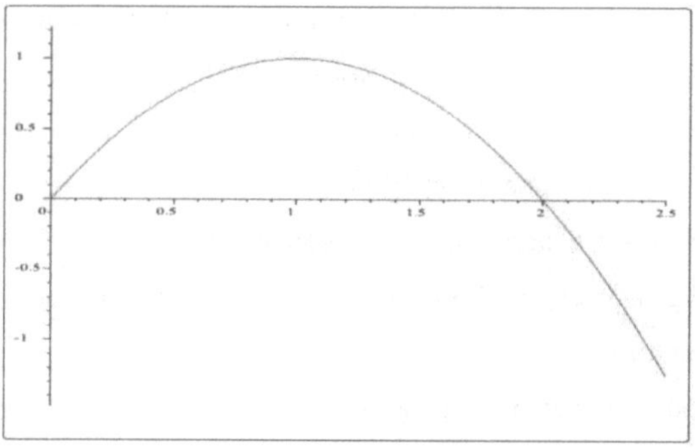


Figura 3.16 Trayectoria del electrón

4. Un piloto de avión bien entrenado puede soportar una aceleración de hasta 8 veces el valor de la gravedad, durante tiempo breves sin perder el conocimiento. Para un avión que vuela a $2300Km/h$ , ¿cuál será el radio de giro mínimo que puede soportar?

5. La estación espacial internacional gira con una velocidad angular constante alrededor de la Tierra cada $90min$ en una órbita de $300Km$ de altura sobre la superficie terrestre. Calcular:

a. La velocidad angular y la velocidad lineal

b. ¿Tiene aceleración? ¿Qué características tendría?

6. Un carrusel gira a $30rpm$. Calcula la velocidad angular y la velocidad lineal de un caballito que esté a $1.5m$ del centro y de otro que esté a $2m$.

7. Un automóvil circula a $20m/s$ describiendo una trayectoria circular de $20m$ de radio. Calcular:

a. La aceleración centrípeta y la velocidad angular

b. La velocidad lineal

8. Un carro de juguete que se mueve con rapidez constante completa una vuelta alrededor de una pista circular ($200m$) en $25s$.

a. ¿Cuál es su rapidez?

b. Si la masa del carro es de $1.5Kg$, ¿cuál es la magnitud de la fuerza central?

9. Mientras dos astronautas estaban en la superficie de la luna, un tercer astronauta daba vueltas a su alrededor. Suponga que la órbita es circular y se encuentra a 100Km sobre la superficie de la luna. Si la masa y el radio de la luna son $7.4x1022Kg$ y $1.7x106m$, respectivamente, determine:

a. La aceleración del astronauta en órbita

b. Su velocidad lineal, el periodo, su velocidad angular

10. Un halcón vuela en un arco horizontal de $12m$ de radio a una rapidez constante de $4m/s$. Encuentre:

a. La aceleración centrípeta, el periodo

b. Su velocidad angular

c. El halcón continúa volando en el mismo arco pero, su aceleración cambia a $1.2m/s^2$. ¿Cuál su velocidad lineal?

**Bibliografía**


1. Zill, D. Dewer, J (2008). Matemáticas avanzadas para ingeniería 2. Calculo vectorial, análisis de Fourier y análisis complejo. Mc Graw Hill, 3ra Ed, México.
2. Seway, R (2010). Física para ciencias e ingeniería. Prentice Hall, México.
3. Van Heuvelen, A. Etkina, E (2006). The physics active learning guide. Pearson Addison Wesley, USA.
4. Beer, F. Russell, E. Cornwell, P (2010). Mecánica vectorial para ingenieros. Dinámica. Mc Graw Hill, México.
5. Beer, F. Russell, E. Cornwell, P (2010). Mecánica vectorial para ingenieros. Estática. Mc Graw Hill, México.
6. Potter, M. Wiggert, D(2002). Mecánica de fluidos. Thomson, 3ra Ed. México.
7. Bourgoyne, A. Chenevert, M. Millheim, K. Young, F (2005). Applied drilling engineering. SPE Textbook Serires, Vol. 2

## Anexo 1. Tabla de conversión de unidades.

| LONGITUD | | | | | |
|---|---|---|---|---|---|
| metro<br>m | milímetro<br>mm | pulgada<br>in (") | pie<br>ft | yarda<br>yd | milla (statute)<br>mi |
| 1 | 1000 | 39,3700787 | 3,2808399 | 1,0936133 | 0,00062137 |
| 0,001 | 1 | 0,0393701 | 0,0032808 | 0,0010936 | 0,00000062137 |
| 0,0254 | 25,4 | 1 | 0,08333 | 0,02777 | 0,000015782 |
| 0,3048 | 304,8 | 12 | 1 | 0,333 | 0,00018939 |
| 0,9144 | 914,4 | 36 | 3 | 1 | 0,00056818 |

| SUPERFICIE | | | | | |
|---|---|---|---|---|---|
| metro cuadrado<br>$m^2$ | hectárea<br>ha | pulgada cuadrada<br>$in^2$ | pie cuadrado<br>$ft^2$ | yarda cuadrada<br>$yd^2$ | acre |
| 1 | 0,0001 | 1550,0031 | 10,76391 | 1,19599 | 0,00024711 |
| 10000 | 1 | 15500031 | 107639,1 | 0,0001196 | 2,4710538 |
| 0,0006,4516 | 0,00000006451 | 1 | 0,006944 | 0,0007716 | 0,00000015942 |
| 0,09290304 | 0,000009290351 | 144 | 1 | 0,111 | 0,000022957 |
| 0,8361274 | 0,000083613 | 1296 | 9 | 1 | 0,00020661 |
| 4046,856 | 0,4046856 | 6272640 | 43560 | 4840 | 1 |

| VOLUMEN | | | | | |
|---|---|---|---|---|---|
| metro cúbico<br>$m^3$ | litro<br>$dm^3$ | pie cúbico<br>$ft^3$ | galón (USA)<br>gal | galón imperial (GB)<br>gal | barril de petróleo<br>bbl (oil) |
| 1 | 1000 | 35,3146667 | 264,17205 | 219,96923 | 6,2898108 |
| 0,001 | 1 | 0,0353147 | 0,2641721 | 0,2199692 | 0,0062898 |
| 0,0283168 | 28,3168466 | 1 | 7,4805195 | 6,2288349 | 0,1781076 |
| 0,0037854 | 3,7854118 | 0,1336806 | 1 | 0,8326741 | 0,0238095 |
| 0,0045461 | 4,5460904 | 0,1635437 | 1,20095 | 1 | 0,028594 |
| 1589873 | 158987295 | 56145833 | 42' | 34,9723128 | 1 |
| 1 gal (USA) = 3,78541 $dm^3$<br>1 $ft^3$ = 0,0283 $m^3$ | | | | | |

**Anexo 2. Relación entre número de líneas y el factor de eficiencia en polea móvil**

| Factor de eficiencia | |
|---|---|
| **No. de líneas** | **Eficiencia** |
| **6** | 0.874 |
| **8** | 0.841 |
| **10** | 0.810 |
| **12** | 0.770 |
| **14** | 0.740 |

## Anexo 3. Tabla de presión nominal de ruptura de cables

| Diámetro nominal (in) | Masa aproximada (lbm/ft) | Acero mejorado (lbf) | Acero extra-mejorado (lbf) |
|---|---|---|---|
| ½ | 0.46 | 23,000 | 26,600 |
| 9/16 | 0.59 | 29,000 | 33,600 |
| 5/8 | 0.72 | 35,800 | 41,200 |
| ¾ | 1.04 | 51,200 | 58,800 |
| 7/8 | 1.42 | 69,200 | 79,600 |
| 1 | 1.85 | 89,800 | 103,400 |
| 1 1/8 | 2.34 | 113,000 | 130,000 |

## Anexo 4. Tabla de resistencia de tuberías a presiones longitudinales

| | | | Tensión de ruptura | | | |
|---|---|---|---|---|---|---|
| Diámetro externo (in) | Peso (lbf/ft) | Diámetro interno (in) | D (1000 lbf) | E (1000lbf) | G (1000lbf) | S (1000lbf) |
| 3 1/2 | 15.50 | 2.602 | 237 | 323 | 4252 | 581 |
| 4 | 11.85 | 3.476 | - | 231 | 323 | 415 |
| 4 | 14.00 | 3.34 | 209 | 285 | 400 | 514 |
| 4 1/2 | 13.75 | 3.958 | - | 270 | 378 | 486 |
| 4 1/2 | 16.6 | 3.826 | 242 | 331 | 463 | 595 |
| 4 1/2 | 20.0 | 3.64 | 302 | 412 | 577 | 742 |
| 5 | 16.25 | 4.404 | - | 328 | 459 | 591 |

Kolibri 360 GmbH
Ferdinand-Jühlke-Straße 7
99095 Erfurt, Deutschland
produktsicherheit@kolibri360.de

Druck:
CPI Druckdienstleistungen GmbH
im Auftrag der
Kolibri 360 GmbH
Ferdinand-Jühlke-Str. 7
99095 Erfurt